José Mário Araújo
Carlos E. T. Dórea
Péricles R. Barros

Sistemas descritores lineares sujeitos a restrições

José Mário Araújo
Carlos E. T. Dórea
Péricles R. Barros

Sistemas descritores lineares sujeitos a restrições

Controle e estimação utilizando conjuntos invariantes

Novas Edições Acadêmicas

Impressum / Impressão

Bibliografische Information der Deutschen Nationalbibliothek: Die Deutsche Nationalbibliothek verzeichnet diese Publikation in der Deutschen Nationalbibliografie; detaillierte bibliografische Daten sind im Internet über http://dnb.d-nb.de abrufbar. Alle in diesem Buch genannten Marken und Produktnamen unterliegen warenzeichen-, marken- oder patentrechtlichem Schutz bzw. sind Warenzeichen oder eingetragene Warenzeichen der jeweiligen Inhaber. Die Wiedergabe von Marken, Produktnamen, Gebrauchsnamen, Handelsnamen, Warenbezeichnungen u.s.w. in diesem Werk berechtigt auch ohne besondere Kennzeichnung nicht zu der Annahme, dass solche Namen im Sinne der Warenzeichen- und Markenschutzgesetzgebung als frei zu betrachten wären und daher von jedermann benutzt werden dürften.

Informação biográfica publicada por Deutsche Nationalbibliothek: Nationalbibliothek numera essa publicação em Deutsche Nationalbibliografie; dados biográficos detalhados estão disponíveis na Internet: http://dnb.d-nb.de. Os outros nomes de marcas e produtos citados neste livro estão sujeitos à marca registrada ou a proteção de patentes e são marcas comerciais registradas dos seus respectivos proprietários. O uso dos nomes de marcas, nome de produto, nomes comuns, nome comerciais, descrições de produtos, etc. Inclusive sem uma marca particular nestas publicações, de forma alguma deve interpretar-se no sentido de que estes nomes possam ser considerados ilimitados em matérias de marcas e legislação de proteção de marcas e, portanto, ser utilizadas por qualquer pessoa.

Coverbild / Imagem da capa: www.ingimage.com

Verlag / Editora:
Novas Edições Acadêmicas
ist ein Imprint der / é uma marca de
OmniScriptum GmbH & Co. KG
Heinrich-Böcking-Str. 6-8, 66121 Saarbrücken, Deutschland / Niemcy
Email / Correio eletrônico: info@nea-edicoes.com

Herstellung: siehe letzte Seite /
Publicado: veja a última página
ISBN: 978-3-639-74358-6

Zugl. / Aprovado/a pela/pelo: Salvador, Universidade Federal da Bahia, Tese Doutorado, 2011

Sumário

Introdução

Desde o seu desenvolvimento, que data da década de 1960, a descrição de sistemas lineares no espaço de estados tornou-se uma ferramenta sólida em modelagem e controle de sistemas. As abordagens são as mais variadas, sendo as mais importantes a algébrica e a geométrica. Entre o final da década de 1970 e o início da década de 1980, uma classe de sistemas lineares desperta crescente atenção dos especialistas: os sistemas descritores lineares. O problema não era novo na época. Gantmacher, em seu trabalho clássico (1), já havia discutido estruturas de sistemas de equações algébrico-diferenciais e as implicações desta forma híbrida na solução de tais sistemas. Desde então, as contribuições para a consolidação da teoria de sistemas lineares descritores são frequentes na literatura. Um exemplo clássico de sistema descritor de tempo discreto é o modelo de Leontief para interação entre n setores em uma economia (2). O modelo descritor de Leontief é definido pelo sistema de equações:

$$E\mathbf{x}(k+1) = A\mathbf{x}(k) + \mathbf{f}(k),$$

e $x^i(k)$ e $-f^i(k)$ representam, respectivamente, a saída monetária e a demanda para o i-ésimo setor. Os termos $A\mathbf{x}(k)$ e $E\mathbf{x}(k+1)$ representam, respectivamente, as relações inter-setor e os investimentos. Um caso interessante é quando E é uma matriz singular, resultando no modelo singular de Leontief. Diversos outros exemplos de modelos descritores não-singulares, singulares e retangulares e suas respectivas aplicações estão disponíveis numa vasta literatura, sendo alguns exemplos importantes aqueles encontrados em (3),(4).

A invariância de conjuntos, por sua vez, tem suas raízes na álgebra linear, e mais tarde foi introduzida também a noção de subespaços invariantes. O conceito de invariância de conjuntos poliédricos, ou simplesmente poliedros, vai ao encontro de uma característica intrínseca aos sistemas físicos: seus limites operacionais, impostos por limitação de suprimento de energia, segurança e outros aspectos. Se tais limites são dados na forma de restrições lineares, elas podem ser matematicamente traduzidas na forma de poliedros. A invariância de tais poliedros então é capaz de garantir a operação de sistemas dentro de seus limites operacionais, e este conceito é o que será apresentado como invariância

1

controlada. Na mesma linha, o problema dae estimação de estados com limitação de erro pode ser abordado, por meio do conceito de invariância condicionada.

A presente tese tem como objetivo geral a extensão de conceitos e aplicações de invariância de conjuntos em controle sob restrições de sistemas lineares padrões para sistemas descritores singulares, buscando assim aplicações desta metodologia em sistemas lineares mais gerais. Os seguintes objetivos específicos são listados:

1. propor uma extensão do conceito de poliedro invariante controlado, para fins de controle sob restrições em um sistema descritor singular;

2. propor uma extensão do conceito de poliedro invariante condicionado, para fins de estimação com limitação de erro em um sistema descritor singular;

3. propor uma extensão do conceito de poliedro invariante controlado por realimentação de saída, para fins de controle sob restrições em um sistema descritor singular;

4. estudar algumas aplicações teóricas e experimentais dos conceitos anteriores;

5. investigar a possibilidade de solução do problema conhecido como regularização de sistemas singulares, satisfazendo simultaneamente restrições, por meio de técnicas de invariância.

Para o cumprimento destes objetivos, a metodologia consistiu em estudo aprofundado da literatura pertinente; proposições de novas estruturas para sistemas descritores; solução dos problemas de controle e observação sob restrições pela extensão de resultados já consolidados; organização de estudos de simulação computacional e estudos experimentais em uma plataforma experimental de nível de líquido; validações dos resultados por meio de exemplos teóricos e/ou experimentais.

No Capítulo 1, uma revisão da literatura sobre sistemas descritores, invariância de conjuntos e controle sob restrições é apresentada, de forma a fundamentar a proposta de tese. O Capítulo 2 apresenta a proposta de extensão de resultados em invariância controlada e a síntese via realimentação de estados e também por realimentação de saída, com apresentação de exemplo numérico e também estudo de caso experimental. Ainda neste capítulo, é apresentado um estudo preliminar de um problema pouco explorado na literatura especializada, que é a solução simultânea do problema de regularização de sistemas descritores com respeito a restrições. O Capítulo 3 aborda a extensão para sistemas descritores de resultados em invariância condicionada, aplicada a estimação de estado com limitação de erro. O capítulo 4 apresenta a aproximação dos conceitos dos Capítulos 2 e 3, na proposição de técnica para solução do problema de invariância

2

controlada por realimentação dinâmica de saída (I.C.R.S.) em sistemas descritores. As conclusões deste trabalho de tese são então descritas no Capítulo 5.

Capítulo 1

Revisão da Literatura

1.1 Sistemas descritores lineares

Um sistema linear invariante no tempo tem descrição generalizada no espaço de estados, respectivamente de tempo contínuo e de tempo discreto, dada por:

$$E\dot{\mathbf{x}}(t) = A\mathbf{x}(t) + B\mathbf{u}(t), \quad t \in \mathbb{R}^+, \tag{1.1}$$

$$E\mathbf{x}(k+1) = A\mathbf{x}(k) + B\mathbf{u}(k), \quad k = 0, 1, 2, 3..., \tag{1.2}$$

em que $\mathbf{x} \in \mathbb{R}^n, \mathbf{u} \in \mathbb{R}^m$. No presente trabalho, o interesse central é em sistemas lineares descritores de tempo discreto. O caso em que E é uma matriz não singular é conhecido como forma padrão ou regular:

$$\mathbf{x}(k+1) = E^{-1}A\mathbf{x}(k) + E^{-1}B\mathbf{u}(k). \tag{1.3}$$

Ao sistema da Eq. 1.2 pode ser agregada a equação de saída:

$$\mathbf{y}(k) = C\mathbf{x}(k), \tag{1.4}$$

em que $\mathbf{y} \in \mathbb{R}^l$. A teoria de sistemas lineares padrão no espaço de estados é largamente empregada e já é bastante consolidada (5),(6),(7),(8),(9). Em certos sistemas, equações algébricas podem interligar as variáveis de estado, e desta forma, a matriz E passa a ser singular. Esta classe de sistemas descritores é também conhecida como sistemas lineares singulares ou ainda sistemas lineares implícitos (10). Por exemplo, o circuito da Fig. 1.1 (11) tem modelo no espaço de estados dado por:

$$\begin{bmatrix} LG_1 & C \\ L(k-G_2) & C \end{bmatrix} \begin{bmatrix} \dot{x}_1(t) \\ \dot{x}_2(t) \end{bmatrix} = \begin{bmatrix} -1 & 0 \\ 0 & -G_2 \end{bmatrix} \begin{bmatrix} x_1(t) \\ x_2(t) \end{bmatrix} + \begin{bmatrix} 1 \\ 0 \end{bmatrix} u(t).$$

Tomando-se $k = G_1 + G_2$, têm-se um modelo do tipo singular. Isto acontece devido ao cancelamento exato, no capacitor, da contribuição da tensão do nó 1, imposta pela indutância, devido a uma parcela de mesma magnitude no nó 2, imposta pela fonte dependente agindo sobre a condutância G_2.

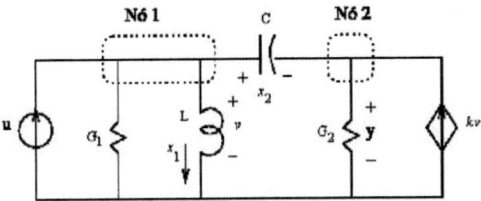

Figura 1.1: Circuito com modelo singular para $k = G_1 + G_2$.

Dentre os primeiros trabalhos que abordam esta classe de problemas, um dos mais importantes é o livro de Gantmacher (1). Nele, equações algébrico-diferenciais recebem atenção especial quanto à solução, com base na teoria de feixes de matrizes. Um dos primeiros trabalhos a tratar de forma rigorosa sistemas descritores de tempo discreto foi o de Luenberger (12). Neste artigo, a caracterização da solução é apresentada, e aspectos surpreendentes, ausentes no caso de sistemas padrão, são observados nos sistemas descritores. Um deles é a possível não-causalidade do sistema. A década de 80 do século passado experimentou uma atenção crescente sobre diversas características estruturais de sistemas descritores, muitas das quais bastante diferenciadas em relação àquelas dos sistemas padrão. Tais características dizem respeito à solução no domínio do tempo, regularidade, causalidade, controlabilidade, observabilidade, autoestrutura, dentre outras. Na sequência, serão brevemente introduzidas estas importantes características.

1.1.1 Regularidade e causalidade

Seja o sistema descritor, dado pela Eq. 1.2.

Definição 1.1. *(13): O sistema descritor da Eq. 1.2 é **regular** se o feixe $\lambda E - A$ é não-singular para ao menos um $\lambda \in \mathbb{C}$.*

Condição 1.1. *(13): O sistema descritor é causal se $grau(det(\lambda E - A)) = \rho(E)$, em que $\rho(\bullet)$ é o posto de uma matriz.*

Uma consequência importante da regularidade é que o sistema é resolvível (uma única solução existe) somente se for regular (12).

Exemplo 1.1. *Seja um sistema em que*

5

$$E = \begin{bmatrix} 1 & 0 \\ 0 & 0 \end{bmatrix}, A = \begin{bmatrix} 1 & 0 \\ -1 & 0 \end{bmatrix}, B = \begin{bmatrix} 1 \\ 0 \end{bmatrix}.$$

As equações para este sistema são, linha por linha:

$$x_1(k+1) = x_1(k) + u(k),$$
$$x_1(k) = 0.$$

Obviamente, não existe uma solução para este par de equações se $u(k) \neq 0$; ainda, caso $u(k) = 0$, a solução não é única, uma vez que $x_2(k)$ é livre. É fácil notar que $det(\lambda E - A) = 0$. Agora, com

$$A = \begin{bmatrix} 0 & 1 \\ 1 & 0 \end{bmatrix}, \ B = \begin{bmatrix} -1 \\ -1 \end{bmatrix},$$

tem-se

$$det(zE - A) = 1,$$

e portanto $grau[det(\lambda E - A)] = 0 < \rho(E)$. A inversa do feixe do sistema é, no domínio da frequencia:

$$(zE - A)^{-1} = \begin{bmatrix} 0 & -1 \\ -1 & -z \end{bmatrix}.$$

Nota-se a existência de um termo de avanço na matriz de transição de estados, e assim o sistema é não-causal. Pode-se chegar a esta conclusão facilmene no domínio do tempo, uma vez que a solução é dado por:

$$x_1(k) = u(k),$$
$$x_2(k) = u(k+1) + u(k).$$

Os teoremas na sequência apresentam condições necessárias e suficientes para regularidade e causalidade de um sistema descritor.

Teorema 1.2. *(decomposição rápida-lenta) (13): O sistema descritor 1.2 é regular se e somente se existe um par de matrizes (M_1, N_1) não-singulares tais que*

$$M_1 E N_1 = \begin{bmatrix} I & 0 \\ 0 & \mathcal{J} \end{bmatrix}, M_1 A N_1 = \begin{bmatrix} \mathcal{A} & 0 \\ 0 & I \end{bmatrix}, \tag{1.5}$$

em que $\mathcal{J}$ é uma matriz nilpotente.

Exemplo 1.2. *Seja um sistema descritor de tempo discreto com as matrizes*

$$
E = \begin{bmatrix} 3 & 0 & 2 & -5 \\ 0 & 3 & -2 & 2 \\ 2 & 2 & 0 & -2 \\ 2 & -4 & 4 & -6 \end{bmatrix}, \; A = \begin{bmatrix} 0,7 & -3,25 & -0,7 & 0 \\ 1,8 & 0,4 & -6,4 & 2,6 \\ 1 & -1,9 & -5,4 & 2,4 \\ -0,6 & -2,7 & 5,4 & -2,8 \end{bmatrix} \quad (\rho(E)=2).
$$

As matrizes M e N atendem ao Teorema 1.1, com $M = M_1^{-1}$, $N = N_1^{-1}$, conforme mostrado a seguir:

$$
M = \begin{bmatrix} 3 & 2 & 2 & 0 \\ 0 & -2 & 4 & -2 \\ 2 & 0 & 4 & -2 \\ 2 & 4 & -2 & 2 \end{bmatrix}, N = \begin{bmatrix} 1 & 1 & 0 & -1 \\ 0 & -1,5 & 1 & -1 \\ 1 & 0 & -1 & 0 \\ 1 & 0 & 1 & -1 \end{bmatrix},
$$

$$
E = M \begin{bmatrix} I_2 & 0 \\ 0 & 0 \end{bmatrix} N, A = M \begin{bmatrix} \mathcal{A} & 0 \\ 0 & I_2 \end{bmatrix} N, \mathcal{A} = \begin{bmatrix} -0,5 & 0,3 \\ 0,1 & 0,2 \end{bmatrix}.
$$

Nota: Todo sistema descritor na forma 1.2 tem uma representação canônica na forma:

$$
MEN = \begin{bmatrix} I & 0 \\ 0 & 0 \end{bmatrix}, MAN = \begin{bmatrix} A_{11} & A_{12} \\ A_{21} & A_{22} \end{bmatrix}. \tag{1.6}
$$

Teorema 1.3. *(13): O sistema descritor dado pela forma canônica 1.6 é causal se e somente se A_{22} é não-singular.*

Seja o sistema do exemplo 1.2. As matrizes de transformação propostas levam à forma 1.6. Neste caso, é fácil observar que $A_{22} = I$, e desta forma o sistema é causal. O teorema a seguir é uma forma interessante de se verificar regularidade e causalidade com um único teste. Para maiores detalhes sobre o mesmo, ver (14).

Teorema 1.4. *O sistema descritor 1.2 é regular e causal se*

$$
\rho\left(\begin{bmatrix} 0 & E \\ E & A \end{bmatrix}\right) = n + \rho(E).
$$

Ainda utilizando-se as matrizes do Exemplo 1.2, pode-se verificar que

$$
\rho\left(\begin{bmatrix} 0 & E \\ E & A \end{bmatrix}\right) = 6.
$$

O que significa que o sistema é regular e causal.

1.1.2 Solução no domínio do tempo

Para sistemas regulares, uma única solução em um dado intervalo $[0, N]$ é obtida quando se conhecem as condições de contorno neste intervalo (15). Para ilustrar esta característica, considera-se o sistema discreto regular na forma canônica dada pela decomposição rápida-lenta:

$$\begin{bmatrix} I & 0 \\ 0 & \mathcal{J} \end{bmatrix} \begin{bmatrix} \mathbf{x}_1(k+1) \\ \mathbf{x}_2(k+1) \end{bmatrix} = \begin{bmatrix} \mathcal{A} & 0 \\ 0 & I \end{bmatrix} \begin{bmatrix} \mathbf{x}_1(k) \\ \mathbf{x}_2(k) \end{bmatrix} + \begin{bmatrix} B_{21} \\ B_{22} \end{bmatrix} \mathbf{u}(k). \tag{1.7}$$

O sistema nesta forma é desacoplado, e as equações podem ser explicitadas como:

$$\mathbf{x}_1(k+1) = \mathcal{A}\,\mathbf{x}_1(k) + B_{21}\mathbf{u}(k), \tag{1.8}$$

$$\mathcal{J}\mathbf{x}_2(k+1) = \mathbf{x}_2(k) + B_{22}\mathbf{u}(k). \tag{1.9}$$

A solução para x_1 é imediata, por se tratar de um subsistema na forma padrão no espaço de estados:

$$\mathbf{x}_1(k) = \mathcal{A}^k\mathbf{x}_1(0) + \sum_{j=0}^{k-1} \mathcal{A}^{k-i-1} B_{21}\mathbf{u}(j). \tag{1.10}$$

Para a solução de $\mathbf{x}_2$, com $k = 0, 1, 2...N$, não é possível aplicar recursividade crescente. Neste caso, é necessária uma manipulação recursiva para trás, mas admitindo-se conhecer $x(N)$ e, como será visto, a sequência $\mathbf{u}(k), \mathbf{u}(k+1), ..., \mathbf{u}(N-l)$ em que l é o índice de nilpotência de $\mathcal{J}$. Assim, isolando-se $\mathbf{x}_2(k)$, obtém-se a forma recursiva:

$$\mathbf{x}_2(N-1) = \mathcal{J}\mathbf{x}_2(N) - B_{22}\mathbf{u}(N-1),$$

$$\mathbf{x}_2(N-2) = \mathcal{J}^2\mathbf{x}_2(N) - \mathcal{J}B_{22}\mathbf{u}(N-1) - B_{22}\mathbf{u}(N-2),$$

$$\mathbf{x}_2(N-3) = \mathcal{J}^3\mathbf{x}_2(N) - \mathcal{J}^2 B_{22}\mathbf{u}(N-1) - \mathcal{J}B_{22}\mathbf{u}(N-2) - B_{22}\mathbf{u}(N-3),$$

$$\vdots$$

$$\mathbf{x}_2(k) = \mathcal{J}^{N-k}\mathbf{x}_2(N) - \sum_{j=k}^{N-1} \mathcal{J}^{j-k} B_{22}\mathbf{u}(j). \tag{1.11}$$

Conclui-se que a causalidade do sistema será função do seu índice de nilpotência. Se o índice de nilpotência for maior do que a unidade, nota-se a dependência da solução no instante k com entradas futuras. O sistema na forma canônica será causal se e somente se $\mathcal{J} = 0$.

1.1.3 Autoestrutura e estabilidade

Para sistemas descritores não-singulares, o problema de autoestrutura consiste em determinar autovalores λ e autovetores v generalizados:

$$E^{-1}A\mathbf{v} = \lambda\mathbf{v}. \tag{1.12}$$

Para o caso de sistemas descritores singulares com $\rho(E) = q < n$, a *autoestrutura finita* é definida através das relações (15):

$$(\lambda E - A)\mathbf{v} = 0, \tag{1.13}$$

$$(\lambda E - A)\mathbf{v}^{k+1} = -E\mathbf{v}^k. \tag{1.14}$$

e, respectivamente, 1.13 e 1.14 se aplicam a autovalores simples e múltiplos. Os demais $n - q$ autovalores são denominados autovalores infinitos. Importantes contribuições a respeito da alocação de autoestruturas finitas e infinitas em sistemas descritores podem ser vistas em (15),(16),(17). É possível verificar que os autovalores finitos de um sistema descritor regular são os autovalores da matriz $\mathcal{A}$ em 1.7.

Seja o sistema do exemplo 1.2. A matriz $\mathcal{A}$ é obtida da forma canônica 1.5:

$$\mathcal{A} = \begin{bmatrix} -0,5 & 0,3 \\ 0,1 & 0,2 \end{bmatrix}.$$

Os autovalores desta matriz, que são os autovalores finitos do sistema, são $\lambda_1 = -0,5405, \lambda_2 = 0,2405$.

O teorema a seguir caracteriza a estabilidade de um sistema descritor regular e causal com respeito à sua autoestrutura finita.

Teorema 1.5. *(13) As seguintes afirmações são equivalentes para o sistema descritor 1.2, regular e causal:*

1. o sistema descritor dado pela Eq. 1.2 é assintoticamente estável;

2. os autovalores finitos do par (E, A) estão dentro do círculo unitário;

3. o raio espectral de $\mathcal{A}$ é menor do que 1.

Pelo teorema 1.4 e a partir dos autovalores do exemplo 1.2, pode-se verificar que o sistema em questão é estável.

1.2 Controlabilidade e observabilidade

Diferentemente dos sistemas lineares na forma padrão, as definições de controlabilidade e observabilidade para sistemas descritores singulares são mais restritivas, devido a

9

condições rígidas nas variáveis de estado impostas pelas equações algébricas. Tal rigidez é governada pela definição de vetor admissível (18), a seguir definido:

Definição 1.2. *Um vetor $x \in \mathbb{R}^n$ é dito admissível com relação ao sistema 1.2 se existem vetores $\bar{x} \in \mathbb{R}^n$ e $u \in \mathbb{R}^m$ tais que $E\bar{x} = Ax + Bu$.*

O conjunto de todos os vetores admissíveis para um sistema descritor a partir da definição acima é denotado por R_0. As noções de controlabilidade e observabilidade em sistemas descritores estão intimamente ligadas ao conjunto admissível. Tal conjunto é um subespaço do $\mathbb{R}^n$, o que leva à noção de R-controlabilidade (observabilidade), ou seja, dentro do subespaço admissível. Quando $R_0 = \mathbb{R}^n$, então tem-se a controlabilidade (observabilidade), num sentido semelhante ao de sistemas na forma padrão. Uma discussão detalhada sobre estas definições pode ser vista em (18).

Para a controlabilidade (observabilidade) de sistemas descritores singulares, os seguintes teoremas fornecem condições necessárias e suficientes com base na estrutura do sistema, e eles equivalem às definições originais tais como aquelas propostas em (18) para sistemas causais.

Teorema 1.6. *(13): Um sistema descritor regular dado pela Eq. 1.2 (1.2 e 1.5) é dito R-controlável (R-observável) se e somente se $\rho\left(\begin{bmatrix} \lambda E - A & B \end{bmatrix}\right) = n$ $(\rho\left(\begin{bmatrix} \lambda E^T - A^T & C^T \end{bmatrix}\right) = n)$*

Teorema 1.7. *(13): Um sistema descritor regular dado pela Eq. 1.2 (1.2 e 1.5) é dito controlável (observável) se e somente se for R-controlável (R-observável) e adicionalmente $\rho\left(\begin{bmatrix} E & B \end{bmatrix}\right) = n$ $(\rho\left(\begin{bmatrix} E^T & C^T \end{bmatrix}\right) = n)$.*

Exemplo 1.3: Seja o sistema descritor dado a seguir

$$\begin{bmatrix} 1 & 1 \\ 0 & 0 \end{bmatrix} \begin{bmatrix} x_1(k+1) \\ x_2(k+1) \end{bmatrix} = \begin{bmatrix} 1 & 1 \\ -1 & 2 \end{bmatrix} \begin{bmatrix} x_1(k) \\ x_2(k) \end{bmatrix} + \begin{bmatrix} 1 \\ 0 \end{bmatrix} u(k)$$

Escrevendo as equações linha por linha, obtém-se:

$$x_1(k+1) + x_2(k+1) = x_1(k) + x_2(k) + u(k),$$
$$x_2(k) = \tfrac{1}{2} x_1(k).$$

Pode-se notar que o controle $u(k)$ pode mover o vetor de estados no subespaço gerado pelo vetor $\begin{bmatrix} 1 & \frac{1}{2} \end{bmatrix}^T$. Assim, o sistema é R-controlável, mas não é controlável. Pelo Teorema 1.5:

$$\rho\left(\begin{bmatrix} zE - A & B \end{bmatrix}\right) = 2, \quad \rho\left(\begin{bmatrix} E & B \end{bmatrix}\right) = 1.$$

O que confirma a análise anterior. Chega-se à mesma conclusão para o caso da observabilidade tomando-se $C = \begin{bmatrix} 1 & 1 \end{bmatrix}$ e analisando o sistema dual.

10

1.3 Invariância de conjuntos

A idéia de invariância de conjuntos tem grande utilidade no tratamento de problemas no espaço de estados. Um importante resultado para a álgebra linear derivado da invariância de conjuntos foi a definição de subespaços invariantes (19). A chamada invariância positiva surge no estudo de conjuntos que não são subespaços, mas por exemplo, poliedros ou cones. No contexto da teoria de controle por realimentação, a primeira noção de invariância importante é a de (A, B)-invariância, ou como é mais atualmente denominado, invariância controlada. Resultados de destaque estão presentes na literatura no tocante a subespaços invariantes no contexto da teoria geométrica de controle (9).

Para os conjuntos doravante considerados, as seguintes noções são importantes: um conjunto fechado é qualquer subconjunto do $\mathbb{R}^n$ que contém seus pontos limites; por sua vez, conjunto compacto é todo conjunto do tipo Heine-Borel, ou seja, é fechado e limitado. Considere um sistema linear de tempo discreto, de ordem n, sujeito à perturbação limitada em um domínio compacto $\mathcal{D} \subset \mathbb{R}^p$, com controle definido pelo vetor $\mathbf{u} \in \mathcal{U} \subset \mathbb{R}^m$:

$$\mathbf{x}(k+1) = A\mathbf{x}(k) + B_2\mathbf{u}(k) + B_1\mathbf{d}(k). \qquad (1.15)$$

Em seguida, são enunciadas as definições de conjunto positivamente invariante, invariante controlado e invariante controlado contrativo.

Definição 1.3. *(20): Um conjunto não-vazio, fechado, $\Omega \subset \mathbb{R}^n$ é dito positivamente D-invariante com relação ao sistema 1.15 com $\boldsymbol{u} \equiv 0$ se $A\boldsymbol{x}(k) + B_1\boldsymbol{d}(k) \in \Omega, \forall \boldsymbol{x}(k) \in \Omega, \forall \boldsymbol{d}(k) \in \mathcal{D}$.*

Definição 1.4. *(20): Um conjunto não-vazio, fechado, $\Omega \subset \mathbb{R}^n$ é dito invariante controlado com relação ao sistema 1.15 se*

$$\exists \boldsymbol{u}(k) \in \mathcal{U} : A\boldsymbol{x}(k) + B_2\boldsymbol{u}(k) + B_1\boldsymbol{d}(k) \in \Omega, \forall \boldsymbol{x}(k) \in \Omega, \forall \boldsymbol{d}(k) \in \mathcal{D}. \qquad (1.16)$$

Definição 1.5. *(20): Um conjunto não-vazio, fechado $\Omega \subset \mathbb{R}^n$ é dito invariante controlado λ-contrativo (0 < \lambda < 1) com respeito ao sistema 1.15 se*

$$\exists \boldsymbol{u}(k) \in \mathcal{U} : A\boldsymbol{x}(k) + B_2\boldsymbol{u}(k) + B_1\boldsymbol{d}(k) \in \lambda\Omega, \forall \boldsymbol{x}(k) \in \Omega, \forall \boldsymbol{d}(k) \in \mathcal{D}. \qquad (1.17)$$

Outro conceito de grande relevância é o conceito de invariância condicionada. Considere a equação de saída:

$$\mathbf{y}(k) = C\mathbf{x}(k) + \eta(k), \qquad (1.18)$$

com $\eta \in \mathcal{N} \subset \mathbb{R}^l$ é um ruído de medição no domínio compacto $\mathcal{N}$. O conjunto Ω induz o conjunto de saídas admissíveis $\mathcal{Y}(\Omega, \mathcal{N}) = \{\mathbf{y} : \mathbf{y} = C\mathbf{x} + \eta, \ \forall \, \mathbf{x} \in \Omega, \forall \eta \in \mathcal{N}\}$. Além disso, a cada $\mathbf{y} \in \mathbb{R}^l$ pode-se associar o seguinte conjunto de estados $\bar{\eta}$-consistente com uma dada medida:

$$\mathcal{C}(\mathbf{y}) = \{\mathbf{x} : C\mathbf{x} = \mathbf{y} - \eta, \ |\eta| \le \bar{\eta}\}.$$

Definição 1.6. *Um conjunto não-vazio, fechado $\Omega \subset \mathbb{R}^n$ é dito invariante condicionado λ-contrativo $(0 < \lambda \le 1)$ com relação ao sistema 1.15 e 1.18, se*

$$\exists v(y) : \ A\boldsymbol{x} + \boldsymbol{v} + B_1 \boldsymbol{d} \in \lambda\Omega, \ \forall \boldsymbol{y} \in \mathcal{Y}(\Omega), \forall \boldsymbol{x} \in \mathcal{C}(\boldsymbol{y}) \cap \Omega, \ \forall \boldsymbol{d} \in \mathcal{D}. \tag{1.19}$$

Se um conjunto for invariante controlado, será possível obter uma lei de controle tal que, uma vez que o vetor de estados esteja no interior do conjunto, a sua evolução permanecerá em seu interior; da mesma forma, se um conjunto for invariante condicionado, tem-se uma lei de injeção de saída que será capaz de assegurar a evolução do vetor de estados dentro deste conjunto. Esta característica é totalmente adequada à idéia de controle sob restrições (invariância controlada) e limitação de erro de estimação (invariância condicionada), uma vez que tais restrições formam um conjunto, quase sempre definido por restrições lineares. Matematicamente estas restrições resultam em poliedros no $\mathbb{R}^n$, na forma:

$$\Omega = \{\mathbf{x} : G\mathbf{x} \le \rho\}, \tag{1.20}$$

com $G \in \mathbb{R}^{g \times n}$, $\rho \in \mathbb{R}^g$ e $\le$ denota desigualdade elemento a elemento. Contribuições sobre a caracterização de invariância controlada de conjuntos poliédricos podem ser encontradas em (20),(21),(22),(23). Em (23), as condições para invariância são estabelecidas em termos dos vértices do poliedro, enquanto em (20), tais condições são estabelecidas a partir de desigualdades lineares. Ainda que um poliedro não seja invariante, é possível obter os maiores poliedros invariantes contidos em dado poliedro, como por exemplo em (20). Por sua vez, conjuntos poliédricos são uma tradução natural de certas restrições encontradas em sistemas físicos, tais como a saturação. Desta forma, este conceito é bastante adequado ao estudo de problemas de controle sob restrições.

1.4 Controle de sistemas descritores sob restrições

Até o presente, enquanto vários trabalhos tratam do problema da invariância de conjuntos aplicada ao controle sob restrições de sistemas lineares na forma padrão (ver (20),(21),(22) e referências contidas), uma pequena quantidade de contribuições é encontrada na literatura especializada com relação aos sistemas descritores causais. Algumas contribuições tratam do problema através do conceito de invariância positiva

12

(24),(25),(26),(27),(28). Em todos estes trabalhos, uma lei de controle linear é definida *a priori*, o que introduz resultados conservadores. Além disso, estas abordagens estabelecem condições para invariância positiva após a aplicação do controle linear, sendo portanto pautadas em análise, e não em síntese. O caso da invariância controlada não foi encontrado durante a revisão bibliográfica, o que sugeriu uma boa direção para a presente pesquisa. Seja o sistema descritor sujeito a distúrbios, na forma:

$$E\mathbf{x}(k+1) = A\mathbf{x}(k) + B_1\mathbf{d}(k). \tag{1.21}$$

Quando se leva em conta que, devido a possíveis inconsistências entre o estado inicial $\mathbf{x}(0)$ e a equação algébrica, um sistema descritor singular pode apresentar um salto finito no estado inicial de $\mathbf{x}(0)$ para $\mathbf{x}(0^+)$ (13, 25), as seguintes definições de invariância positiva podem ser destacadas:

Definição 1.7. *(25): Um conjunto não-vazio, fechado, $\Omega \subset \mathbb{R}^n$ é dito $\mathcal{D}$-invariante simples com relação ao sistema 1.21 se $\boldsymbol{x}(k) \in \Omega$ e $\boldsymbol{x}(0^+) \in \Omega$, $\forall k \geq 1$, $\forall \boldsymbol{d} \in \mathcal{D}$.*

Definição 1.8. *(25): Um conjunto não-vazio, fechado, $\Omega \subset \mathbb{R}^n$ é dito fracamente $\mathcal{D}$-invariante com relação ao sistema 1.21 se $\boldsymbol{x}(k) \in \Omega$, $\forall k \geq 1$, $\forall \boldsymbol{d} \in \mathcal{D}$.*

Basicamente, estas duas definições diferem pela importância dada ao valor inicial do vetor de estados após um possível salto. A definição de invariância simples será relacionada a um dos resultados do capítulo subseqüente.

No capítulo seguinte, por meio do re-arranjo da equação de estado em uma forma aumentada para um sistema linear descritor regular e causal, os resultados descritos em (20) são estendidos para esta classe de sistemas e mostram-se efetivos. Também, para o caso em que o poliedro não é invariante controlado, o algoritmo descrito em (20) para determinação do maior poliedro invariante contido nas restrições também é empregado com resultados satisfatórios.

Capítulo 2

Conjuntos Poliédricos Invariantes Controlados e Controle sob Restrições

2.1 Preliminares

Conforme relatado no capítulo anterior, uma diversidade de contribuições sobre controle sob restrições utilizando técnicas de invariância para sistemas lineares na forma padrão pode ser vista na literatura. Entretanto, para a classe dos sistemas descritores lineares, as contribuições sobre caracterização de invariância de conjuntos são bastante raras. Alguns trabalhos importantes usando invariância positiva com alocação de pólos foram citados. Todavia, o uso de realimentação linear pode levar a soluções demasiado conservadoras, não lidando desta forma com restrições de controle severas ou perturbações de maior amplitude. Neste capítulo, é analisada a invariância controlada de conjuntos poliédricos em sistemas descritores lineares de tempo discreto. Assumindo que o sistema é causal, as equações de estado podem ser re-escritas em uma forma aumentada, a partir da qual é possível a aplicação de métodos conhecidos para a caracterização de invariância controlada de conjuntos poliédricos em sistemas lineares padrão (29). O conceito de invariância controlada por realimentação de saída (i.c.r.s.) (30) é também abordado, e um estudo de caso envolvendo uma plataforma experimental de nível é apresentado de forma a validar as contribuições teóricas do capítulo. A última seção descreve um estudo preliminar sobre o problema de regularização com simultâneo respeito a restrições, utilizando-se a forma aumentada proposta neste capítulo.

2.2 Caracterização de poliedros invariantes controlados

A fim de ilustrar a possibilidade de extensão dos resultados estabelecidos de invariância controlada para sistemas descritores, é apresentada a seguir uma metodologia para validação desta hipótese.

Sem perda de generalidade, considere o sistema descritor com a presença de distúrbios:

$$E\mathbf{x}(k+1) = A\mathbf{x}(k) + B_2\mathbf{u}(k) + B_1\mathbf{d}(k), \tag{2.1}$$

em que o vetor de estado particionado e as matrizes têm a forma:

$$\mathbf{x}(k+1) = \begin{bmatrix} \mathbf{x}_1(k+1) \\ \mathbf{x}_2(k+1) \end{bmatrix}, \tag{2.2}$$

$$E = \begin{bmatrix} I_q & 0 \\ 0 & 0 \end{bmatrix}, A = \begin{bmatrix} A_{11} & A_{12} \\ A_{21} & A_{22} \end{bmatrix}, B_1 = \begin{bmatrix} B_{11} \\ B_{12} \end{bmatrix}, B_2 = \begin{bmatrix} B_{21} \\ B_{22} \end{bmatrix}. \tag{2.3}$$

A hipótese de causalidade assegura que A_{22} é inversível. Após uma breve manipulação do subsistema algébrico representado por $\mathbf{x}_2$, conclui-se que o sistema pode ser reescrito na forma:

$$\mathbf{x}(k+1) = \tilde{A}\mathbf{x}(k) + \tilde{B}_2\mathbf{u}(k) + \tilde{B}_3\mathbf{u}(k+1) + \tilde{B}_1 \begin{bmatrix} \mathbf{d}(k) \\ \mathbf{d}(k+1) \end{bmatrix}, \tag{2.4}$$

em que

$$\tilde{A} = \begin{bmatrix} A_{11} - A_{12}A_{22}^{-1}A_{21} & 0 \\ -A_{22}^{-1}A_{21}(A_{11} - A_{12}A_{22}^{-1}A_{21}) & 0 \end{bmatrix}, \tilde{B}_2 = \begin{bmatrix} B_{21} - A_{12}A_{22}^{-1}B_{22} \\ -A_{22}^{-1}A_{21}(B_{21} - A_{12}A_{22}^{-1}B_{22}) \end{bmatrix},$$

$$\tilde{B}_3 = \begin{bmatrix} 0 \\ -A_{22}^{-1}B_{22} \end{bmatrix}, \tilde{B}_1 = \begin{bmatrix} B_{11} - A_{12}A_{22}^{-1}B_{12} & 0 \\ -A_{22}^{-1}A_{21}(B_{11} - A_{12}A_{22}^{-1}B_{12}) & -A_{22}^{-1}B_{12} \end{bmatrix}.$$

Pode-se observar nesta nova forma a presença (i) do controle um passo a frente e (ii) do distúrbio também um passo a frente. Desde que o distúrbio seja suposto limitado em amplitude, como definir-se-á adiante, resta um tratamento adequado ao controle. Propõe-se então reescrever o sistema numa forma aumentada, com a inclusão de $\mathbf{u}(k)$ como variável de estado. A partir desta suposição, obtém-se a seguinte forma aumentada:

$$\chi(k+1) = \begin{bmatrix} \tilde{A} & \tilde{B}_2 + \tilde{B}_3 \\ 0 & I \end{bmatrix} \chi(k) + \begin{bmatrix} \tilde{B}_3 \\ I \end{bmatrix} \Delta\mathbf{u}(k+1) + \begin{bmatrix} \tilde{B}_2 \\ 0 \end{bmatrix} \begin{bmatrix} \mathbf{d}(k) \\ \mathbf{d}(k+1) \end{bmatrix},$$

$$\Delta\mathbf{u}(k+1) = \mathbf{u}(k+1) - \mathbf{u}(k), \tag{2.5}$$

em que

$$\chi(k+1) = \begin{bmatrix} \mathbf{x}(k+1) \\ \mathbf{u}(k+1) \end{bmatrix}. \tag{2.6}$$

Este é um sistema padrão com vetor de estado aumentado $\begin{bmatrix} \mathbf{x}^T(k) & \mathbf{u}^T(k) \end{bmatrix}^T$ e distúrbio $\begin{bmatrix} \mathbf{d}^T(k) & \mathbf{d}^T(k+1) \end{bmatrix}^T$, e a aplicação de algoritmos estabelecidos para sistemas na forma padrão é direta. A preservação de propriedades estruturais importantes nesta forma em relação ao sistema original é discutida no apêndice. É possível notar ainda que este sistema estendido possui $n+m$ autovalores: (i) q autovalores finitos de 2.1; (ii) $n-q$ autovalores iguais a 0 correspondentes aos autovalores infinitos de 2.1; e m autovalores iguais a 1 correspondentes à dinâmica do esforço de controle.

Suponha que o sistema 2.1 esteja sujeito às seguintes restrições lineares no estado e no controle, dadas por poliedros 0-simétricos:

$$\mathbf{x}(k) \in \Omega_x = \{\mathbf{x} : G\mathbf{x} \le \rho\}, \mathbf{u}(k) \in \mathcal{U} = \{\mathbf{u} : U\mathbf{u} \le v\}, \Delta\mathbf{u}(k) \in \Delta\mathcal{V} = \{\Delta\mathbf{u} : L\Delta\mathbf{u} \le \varphi\}. \quad (2.7)$$

O distúrbio é suposto limitado em amplitude, definido pelo poliedro compacto:

$$\mathbf{d}(k) \in \mathcal{D} = \{\mathbf{d} : V\mathbf{d} \le \mu\}. \quad (2.8)$$

Considerando-se agora a formulação aumentada, as restrições nos estados e no controle podem ser escritas como:

$$\chi(k) \in \Omega = \{\chi : \mathcal{G}\chi \le \varrho\}, \mathcal{G} = \begin{bmatrix} G & 0 \\ 0 & U \end{bmatrix}, \varrho = \begin{bmatrix} \rho \\ v \end{bmatrix}, \quad (2.9)$$

e os limites sobre o distúrbio:

$$\bar{\mathbf{d}} = \begin{bmatrix} \mathbf{d}(k) \\ \mathbf{d}(k+1) \end{bmatrix} \in \Psi = \{\bar{\mathbf{d}} : \mathcal{V}\bar{\mathbf{d}} \le \bar{\mu}\}, \mathcal{V} = \begin{bmatrix} V & 0 \\ 0 & V \end{bmatrix}, \bar{\mu} = \begin{bmatrix} \mu \\ \mu \end{bmatrix}. \quad (2.10)$$

O objetivo agora é construir uma lei de controle que satisfaça as restrições 2.9 para todo distúrbio em Ψ. Tal construção será baseada na seguinte definição:

Definição 2.1. *Um conjunto Ω^* é λ-contrativo invariante controlado em relação ao sistema 2.5 se $\forall \chi(k) \in \Omega^*$, $\forall \bar{\mathbf{d}} = \begin{bmatrix} \mathbf{d}^T(k) & \mathbf{d}^T(k+1) \end{bmatrix}^T \in \Psi$, $\exists \Delta\mathbf{u}(k+1) \in \Delta\mathcal{V}$ tal que*

$$\chi(k+1) = \begin{bmatrix} \tilde{A} & \tilde{B}_2 + \tilde{B}_3 \\ 0 & I \end{bmatrix} \chi(k) + \begin{bmatrix} \tilde{B}_3 \\ I \end{bmatrix} \Delta\mathbf{u}(k+1) + \begin{bmatrix} \tilde{B}_1 \\ 0 \end{bmatrix} \begin{bmatrix} \mathbf{d}(k) \\ \mathbf{d}(k+1) \end{bmatrix} \in \lambda\Omega^*, 0 < \lambda \le 1.$$
$$(2.11)$$

O problema de controle sob restrições pode então ser resolvido pela determinação de Ω^*, o maior conjunto invariante controlado contido em Ω (20). Desta forma, se o estado

16

inicial for consistente com a equação algébrica:

$$0 = A_{21}\mathbf{x}_1(0) + A_{22}\mathbf{x}_2(0) + B_{22}\mathbf{u}(0) + B_{12}\mathbf{d}(0), \qquad (2.12)$$

e $\chi(0) \in \Omega^*$, então $\exists \Delta\mathbf{u}(k+1)$ tal que $\chi(k) \in \Omega^*$, $\forall k$ e $\forall \overline{\mathbf{d}}(k) \in \Psi$. Adicionalmente, para $\mathbf{d}(k) = 0$, $\chi(k) \in \lambda^k\Omega^*$, e se $\lambda < 1$, $\chi(k) \to 0$ para $k \to \infty$, assegurando estabilidade assintótica.

Uma vez que o maior poliedro invariante controlado é obtido, uma lei de controle linear por partes pode ser calculada para assegurar o respeito às restrições (22):

$$\Delta\mathbf{u}(k+1) = \phi[\chi(k)] = \phi[\mathbf{x}(k), \mathbf{u}(k)]. \qquad (2.13)$$

2.2.1 Admissibilidade do estado inicial

Na subseção anterior, o aspecto da consistência das condições iniciais foi mencionado. A lei de controle da Eq. 2.13 assegura o respeito às restrições no estado e no controle se o estado inicial satisfaz $\chi(0) \in \Omega^*$. No entanto, diferentemente dos sistemas lineares na forma padrão, $\mathbf{x}(0)$ pode não ser consistente, ou seja, pode não satisfazer as equações algébricas. Nesta situação, um salto pode ocorrer para $k = 0$ e o resultado é imprevisível devido ao distúrbio $\mathbf{d}(0)$. Seja $\mathbf{x}(0^+)$ o estado após o salto. A parte dinâmica do vetor de estados não experimenta saltos para $k = 0$. Isto pode ser verificado pela mudança na representação da Eq. 2.1 para a forma canônica rápida-lenta, na qual as equações algébricas e dinâmicas são desacopladas (13). Assim, $\mathbf{x}_1(0^+) = \mathbf{x}_1(0)$. A parte algébrica pode ser explicitada a partir de 2.3:

$$\mathbf{x}_2(0^+) = -A_{22}^{-1}A_{21}\mathbf{x}_1(0) - A_{22}^{-1}B_{22}\mathbf{u}(0) - A_{22}^{-1}B_{12}\mathbf{d}(0). \qquad (2.14)$$

A consistência da condição inicial pode ser tratada a partir da seguinte definição:

Definição 2.2. *Considere o conjunto Ω^*, invariante controlado com relação ao sistema 2.5. O conjunto de estados iniciais admissíveis é definido como: $\Lambda_{ad} = \{\boldsymbol{x}(0^+) : \exists\boldsymbol{u}(0) / \boldsymbol{x}(0^+) \in \Omega_x^*, \forall \boldsymbol{d}(0) \in \mathcal{D}\}$, em que Ω_x^* é a projeção de Ω^* no espaço de estados.*

Agora, seja Ω^* o poliedro $\Omega^* = \left\{ \begin{bmatrix} \mathbf{x}^T & \mathbf{u}^T \end{bmatrix}^T : G_x\mathbf{x} + G_u\mathbf{u} \leq \rho \right\}$. Além disso, a projeção no espaço de estados é dada por $\Omega_x^* = \{\mathbf{x} : T_xG_x\mathbf{x} \leq T_x\rho, \ T_xG_u = 0, \ T_x \geq 0\}$. Note-se que T_x, pela definição do poliedro Ω_x^*, é uma matriz de projeção não-negativa, que pode ser calculada, por exemplo, utilizando o método de Fourier-Motezkin (31). Neste caso, o conjunto de estados iniciais admissíveis também é um poliedro, dado pelo conjunto

17

dos $\mathbf{x}(0^+) = \begin{bmatrix} \mathbf{x}_1^T(0^+) & \mathbf{x}_2^T(0^+) \end{bmatrix}^T$ tal que $\exists \mathbf{u}(0)$ que satisfaz, $\forall V \mathbf{d}(0) \le \mu$:

$$G_x \begin{bmatrix} I \\ -A_{22}^{-1}A_{21} \end{bmatrix} \mathbf{x}_1(0^+) + \left\{ G_x \begin{bmatrix} 0 \\ -A_{22}^{-1}B_{22} \end{bmatrix} + G_u \right\} \mathbf{u}(0) + G_x \begin{bmatrix} 0 \\ -A_{22}^{-1}B_{12} \end{bmatrix} \mathbf{d}(0) \le \rho.$$

(2.15)

Uma vez que $\mathbf{d}(0)$ não é medido, sua influência pode ser levada em conta considerando o pior caso, linha por linha, Define-se então o vetor δ tal que:

$$\delta_i = \max_{V\mathbf{d}\le\mu} \left\{ G_x \begin{bmatrix} 0 \\ -A_{22}^{-1}B_{12} \end{bmatrix} \right\}_i \mathbf{d}.$$

(2.16)

Novamente, o controle $\mathbf{u}(0)$ pode ser eliminado por projeção não-negativa T (similar a T_x), resultando no seguinte poliedro em $\mathbf{x}_1$:

$$\Lambda_{x_1} = \left\{ \mathbf{x}_1(0) : \bar{G}\mathbf{x}_1(0) \le \bar{\rho} \right\},$$

(2.17)

em que:

$$\bar{G} = T G_x \begin{bmatrix} I \\ -A_{22}^{-1}A_{21} \end{bmatrix}, \bar{\rho} = T(\rho - \delta),$$

com $T \left\{ G_x \begin{bmatrix} 0 \\ -A_{22}^{-1}B_22 \end{bmatrix} + G_u \right\} = 0$. Então, o conjunto de estados iniciais admissíveis é dado como:

$$\Lambda_{ad} = \left\{ \mathbf{x}(0^+) : \begin{bmatrix} \bar{G} & 0 \\ \hline & G \end{bmatrix} \mathbf{x}(0^+) \le \begin{bmatrix} \bar{\rho} \\ \rho \end{bmatrix} \right\}.$$

(2.18)

O controle $\mathbf{u}(0)$, que assegura que o estado inicial após o salto pertence a Λ_{ad}, pode ser calculado pela minimização de sua norma através de:

$$\mathbf{u}(0) = arg \min_{\mathbf{u}(0)} \|\mathbf{u}(0)\|^2$$

s.a. $\left\{ G_x \begin{bmatrix} 0 \\ -A_{22}^{-1}B_22 \end{bmatrix} + G_u \right\} \mathbf{u}(0) \le \rho - \delta - G_x \begin{bmatrix} I \\ -A_{22}^{-1}A_{21} \end{bmatrix} \mathbf{x}_1(0^+).$

Após a aplicação do controle, definido por $\mathbf{u}(0)$ e $\Delta\mathbf{u}(k+1)$, o poliedro invariante atende a definição de $\mathcal{D}$-invariante simples (25), ou seja, para todo $\mathbf{x}(0) \in \Omega$, tem-se $\mathbf{x}(0^+) \in \Omega$ e $\mathbf{x}(k) \in \Omega$, $\forall k$ e $\forall \mathbf{d}(k) \in \mathcal{D}$.

Observação 2.1. *A forma padrão aumentada discutida nesta seção pode ser interpretada como um caso particular dos clássicos algoritmos de embaralhamento direto e reverso de Luenberger (12), com a aplicação de avanço em um passo da equação algébrica. A vantagem desta formulação está no fato que a solução da parte algébrica, para $k \ge 1$, é desacoplada de $x_2(0^+)$. Ou seja, garantida a consistência da condição inicial, a forma aumentada é válida para $k \ge 1$.*

18

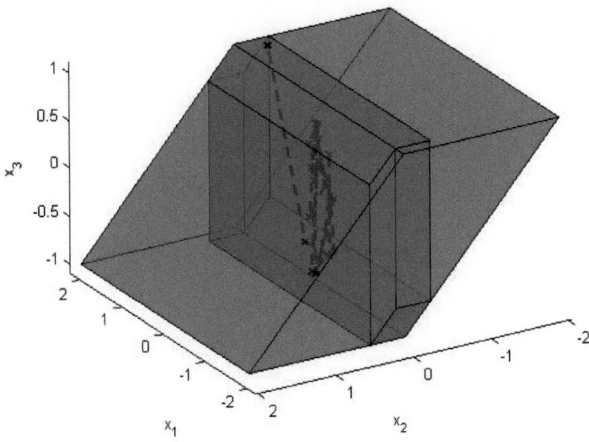

Figura 2.1: Projeção no espaço de estados do poliedro invariante controlado calculado com $\gamma = 1$, juntamente com a trajetória dos estados.

2.3 Exemplo numérico

Seja por exemplo o sistema, o mesmo utilizado em (24),(25):

$$E = \begin{bmatrix} 1 & 0 & 0 \\ 0 & 1 & 0 \\ 0 & 0 & 0 \end{bmatrix}, A = \begin{bmatrix} 1,2 & 0 & 0 \\ -1 & -0,7 & -1 \\ 2 & -0,5 & -1,2 \end{bmatrix}, B_2 = \begin{bmatrix} 0 & 1 \\ 1 & -1 \\ 0,5 & 2 \end{bmatrix}, B_1 = \begin{bmatrix} 0 \\ 1 \\ 1 \end{bmatrix}.$$

As seguintes restrições são impostas sobre o estado e o controle: $|G_s\mathbf{x}| \leq \rho_s, |u_i| \leq 10, i = 1, 2$, com

$$G_s = \begin{bmatrix} 0 & 1 & 0,9318 \\ -1 & 0 & -0,1164 \\ 0 & 0 & 1 \end{bmatrix}, \rho_s = \begin{bmatrix} 1 \\ 2 \\ 1 \end{bmatrix}. \tag{2.19}$$

O distúrbio é limitado como $|d(k)| \leq \gamma$. Aplicando-se o algoritmo proposto em (20), pode ser verificado que o maior poliedro invariante controlado contido no conjunto de restrições, com uma taxa de contração $\lambda = 0,99$, é não vazio para $\gamma \leq \gamma_{max} = 1,082115$.

Nas Fig. 2.1 e 2.2, são mostrados, respectivamente, o poliedro invariante controlado para $\gamma = 1$ projetado sobre o espaço de estados e sobre o espaço do controle; na Fig. 2.1, também é mostrado o poliedro dos estados inicias admissíveis, contido na projeção. Constata-se que o poliedro original das restrições sobre o estado é invariante controlado. Tais resultados se mostram melhores do que aqueles obtidos utilizando-se uma lei de controle por alocação de pólos proposta em (24),(25), para a qual $\gamma_{max} = 0,208815$. Uma lei de controle linear por partes que assegura o respeito às restrições pode ser determinada

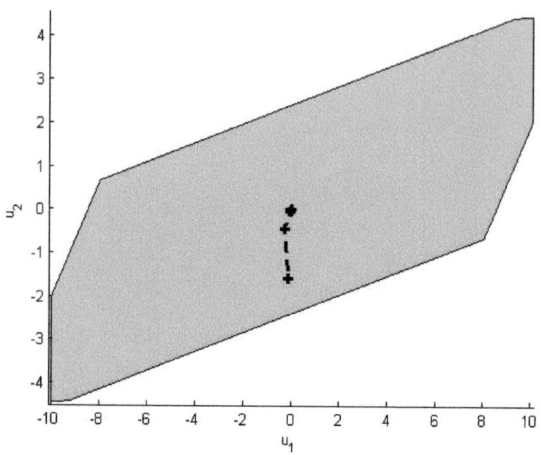

Figura 2.2: Projeção no espaço do controle do poliedro invariante controlado calculado com $\gamma = 1$, juntamente com a trajetória do controle.

como em (22). Entretanto, para este exemplo em particular, com $\gamma = 1$, a invariância de Ω sob as restrições pode ser conseguida através de uma lei de controle linear $\Delta u(k+1) = F\chi(k) = F_1 x(k) + F_2 u(k)$ calculada por programação linear como em (32),(33), o que conduz a

$$F = \begin{bmatrix} -1,5301 & -0,0909 & 0 & -0,8129 & -1,4176 \\ -0,2509 & 0,0103 & 0 & -0,0212 & -2,0263 \end{bmatrix}.$$

O sistema aumentado em malha fechada possui: (i) 4 autovalores nulos e (ii) 1 autovalor igual a $0,0766$. Isto confirma a estabilidade do sistema em malha fechada.

Uma simulação foi realizada com $\mathbf{x}(0^-) = \begin{bmatrix} 1,649 & -0,2354 & 0 \end{bmatrix}^T$. O controle inicial $\mathbf{u}(0)$ foi então calculado de forma a garantir $\mathbf{x}(0^+) \in \Omega^*, \forall d(0) \in \mathcal{D}$ resultando em $\mathbf{u}(0) = \begin{bmatrix} -0,1198 & -1,5779 \end{bmatrix}^T$ e para $d(0) = 1$ (um cenário de pior caso) $\mathbf{x}(0^+) = \begin{bmatrix} 1,649 & -0,2354 & 1 \end{bmatrix}^T$. A trajetória simulada com um distúrbio aleatório é ilustrada nas Figs. 2.1 (estado) e 2.2 (controle).

2.4 Invariância controlada por realimentação de saída e um estudo de caso

2.4.1 Invariância controlada por realimentação de saída - I.C.R.S.

Nesta seção, uma descrição sumária sobre as condições para i.c.r.s. de um poliedro é apresentada, bem como a extensão destes resultados para sistemas descritores com ênfase em suas peculiaridades.

Seja o sistema linear :

$$\mathbf{x}(k+1) = A\mathbf{x}(k) + B_2\mathbf{u}(k) + B_1\mathbf{d}(k),$$
$$\mathbf{y}(k) = C\mathbf{x}(k) + \eta(k), \tag{2.20}$$

com $\mathbf{y} \in \mathbb{R}^l$ a saída medida e $\eta \in \mathbb{R}^l$ é o ruído de medição limitado como $|\eta| \leq \bar{\eta}$.

Considere agora o conjunto das saídas admissíveis associado ao poliedro $\Omega_x = \{\mathbf{x} : Gx \leq \rho\}$:

$$\mathcal{Y}(\Omega_x, \bar{\eta}) = \{\mathbf{y} : \mathbf{y} = C\mathbf{x} + \eta \text{ for } \mathbf{x} \in \Omega_x, \eta : |\eta| \leq \bar{\eta}\}. \tag{2.21}$$

$\mathcal{Y}(\Omega_x, \bar{\eta}) \subset \mathbb{R}^l$ é o conjunto, também fechado e convexo, de todos os valores de $\mathbf{y}$ que podem se associar com $\mathbf{x} \in \Omega_x$. Logo, se $\mathbf{x}(k) \in \Omega_x$, então $\mathbf{y}(k) \in \mathcal{Y}(\Omega_x, \bar{\eta})$.

Para cada $\mathbf{y} \in \mathbb{R}^l$ pode-se associar o seguinte conjunto de estados $\bar{\eta}$-consistentes com uma dada medida:

$$\mathcal{C}(\mathbf{y}) = \{\mathbf{x} : C\mathbf{x} = \mathbf{y} - \eta, |\eta| \leq \bar{\eta}\}.$$

A invariância de Ω_x com a realimentação de saída é definida como:

Definição 2.3. *O poliedro Ω_x é dito* invariante controlado por realimentação de saída *(i.c.r.s.) em relação ao sistema 2.20 se $\forall \mathbf{y} \in \mathcal{Y}(\Omega_x, \bar{\eta})$, $\exists \mathbf{u} \in \mathcal{V} : G_x(A\mathbf{x} + B_2\mathbf{u} + B_1\mathbf{d}) \leq \lambda\rho$, $\forall \mathbf{d} \in \mathcal{D}$ and $\forall \mathbf{x} \in \Omega_x \cap \mathcal{C}(\mathbf{y})$, com $0 < \lambda \leq 1$.*

Quando Ω_x é i.c.r.s., se $\mathbf{x}(k) \in \Omega_x$, então existe uma lei de controle $\mathbf{u}(\mathbf{y}(k)) \in \mathcal{U}$, calculada a partir da medida no instante k, tal que $\mathbf{x}(k+1) \in \Omega_x$, $\forall k$. Neste caso, se Ω_x está contido no conjunto de restrições sobre os estados, então as restrições podem ser satisfeitas por realimentação de saída.

O mesmo esforço de controle $\mathbf{u}$ deve funcionar para todo $\mathbf{d} \in \mathcal{D}$; e para todo $\mathbf{x} \in \Omega$ consistente com a medição $\mathbf{y}$, a definição anterior pode ser reescrita na forma: o poliedro Ω_x é i.c.r.s. se

$$\forall \mathbf{y} \in \mathcal{Y}, \exists \mathbf{u} : \begin{bmatrix} \phi(\mathbf{y}) \\ 0 \end{bmatrix} + \begin{bmatrix} G_x B \\ U \end{bmatrix} \mathbf{u} \leq \begin{bmatrix} \lambda\rho - \delta \\ v \end{bmatrix}, \tag{2.22}$$

em que

$$\delta_i = \max_{\mathbf{d}} G_{xi} B_1 \mathbf{d}$$
$$\text{s.a. } V\mathbf{d} \leq \mu.,$$

$$\phi_j(\mathbf{y}) = G_{xj} A \xi^{*j}(\mathbf{y}), \tag{2.23}$$

com

21

$$\xi^{*j}(\mathbf{y}) = \arg\max_{\mathbf{x}} G_{xj}A\mathbf{x}$$

$$\text{s.a. } G_x\mathbf{x} \le \rho, \ |C\mathbf{x} - \mathbf{y}| \le \bar{\eta}.$$

Os termos ϕ_i e δ_i modelam, respectivaente, o pior caso devido ao conjuntos dos estados consistentes com uma dada saída (medida), e o pior caso devido à incerteza no valor do distúrbio.

Considera-se ainda a matriz não-negativa $T = [t^T \ w^T] \in \mathcal{R}^{n_r \times g}$, cujas linhas formam um conjunto gerador mínimo do cone poliédrico definido como: $[t^T \ w^T] \begin{bmatrix} G_x B \\ U \end{bmatrix} = 0$.

Aplicando-se o lema de Farka's ((31)), a condição 2.22 pode ser reescrita como: $\forall \mathbf{y} \in \mathcal{Y}(\Omega)$, $\forall i = 1, \dots, n_r,$:

$$\begin{bmatrix} T_i & W_i \end{bmatrix} \begin{bmatrix} \phi(\mathbf{y}) \\ 0 \end{bmatrix} \le \begin{bmatrix} T_i & W_i \end{bmatrix} \begin{bmatrix} \lambda\rho - \delta \\ v \end{bmatrix}. \tag{2.24}$$

O resultado central em (30) é o teorema:

Teorema 2.2. *O poliedro* $\Omega_x = \{x : G_x x \le \rho\}$ *é i.c.r.s. com taxa de contração* λ *se, e somente se,* $\forall i = 1, \cdots, n_r$:

$$\sum_{j=1}^{g} T_{ij} G_{xj} A\xi^j \le (\sum_{j=1}^{g} T_{ij}(\lambda\rho_j - \delta_j)) + W_i v, \tag{2.25}$$

$$\forall y, \xi^j, j = 1, 2, \dots, g \ : \ G_x\xi^j \le \rho, \ -C\xi^j + y \le \bar{\eta} \tag{2.26}$$

A I.C.R.S. do conjunto Ω_x pode ser verificada pela solução de n_r problemas de programação linear (PL):

$$\epsilon_i = \max_{y, \xi^j} \sum_{j=1}^{g} T_{ij} G_{xj} A\xi^j$$
$$\text{s.a. : } G_x\xi^j \le \rho, \ |C\xi^j - y| \le \bar{\eta}, \tag{2.27}$$

Assim, Ω_x é i.c.r.s. com taxa de contração λ se e somente se $\epsilon_i + (\sum_{j=1}^{g} T_{ij}\delta_j) - W_i v \le (\sum_{j=1}^{g} T_{ij})\lambda\rho_j$, $\forall i = 1, \dots, n_r$.

Conforme é demonstrado em (30), o número máximo de variáveis necessário para calcular ϵ_i é somente $(m+1).n+p$, o que torna as PLs (2.27) tratáveis computacionalmente.

Uma lei de controle *online* que impõe o respeito às restrições pode ser calculada como:

$$\mathbf{u}(\mathbf{y}(k)) = \arg\min_{\mathbf{u}(k)} \varepsilon$$
$$\text{s.a. } \phi(\mathbf{y}(k)) + G_x B\mathbf{u} \le \varepsilon\rho - \delta, \ U\mathbf{u}(k) \le v. \tag{2.28}$$

com $\phi(\mathbf{y}(k))$ dado por 2.23.

Esta lei de controle age no sentido de otimizar a contração um passo à frente para a trajetória dos estados com relação ao poliedro i.c.r.s. Ω. O cálculo $u(y(k))$ requer a solução de g PLs com n variáveis e $g + q$ restrições (2.23) mais a PL (2.28) com $m + 1$ variáveis e $g + v$ restrições.

2.4.2 Extensão aos sistemas descritores

Considera-se agora o sistema descritor linear, sujeito a distúrbios e ruído de medição dado por:

$$Ex(k + 1) = Ax(k) + B_2 u(k) + B_1 d(k) \tag{2.29a}$$

$$y(k) = Cx(k) + \eta(k) \tag{2.29b}$$

Considera-se ainda a forma aumentada 2.5 desenvolvida na Seção 2.2:

$$\chi(k+1) = \begin{bmatrix} \tilde{A} & \tilde{B}_2 + \tilde{B}_3 \\ 0 & I \end{bmatrix} \chi(k) + \begin{bmatrix} \tilde{B}_3 \\ I \end{bmatrix} \Delta u(k+1) + \begin{bmatrix} \tilde{B}_2 \\ 0 \end{bmatrix} \begin{bmatrix} d(k) \\ d(k+1) \end{bmatrix},$$

$$\Delta u(k+1) = u(k+1) - u(k),$$

juntamente com os poliedros 2.9 e 2.10, que caracterizam as restrições nas variáveis de estado e no controle e os limites no distúrbio. A equação de saída pode ser estendida para a forma: $\tilde{y}(k) = \begin{bmatrix} C & 0 \\ 0 & I \end{bmatrix} \begin{bmatrix} x(k) \\ u(k) \end{bmatrix} + \begin{bmatrix} \eta(k) \\ 0 \end{bmatrix}$. O conjunto de saídas admissíveis induzido por Ω é dado por:

$$\tilde{\mathcal{Y}}(\Omega) = \left\{ \tilde{y} : \tilde{y} = \begin{bmatrix} C & 0 \\ 0 & I \end{bmatrix} \begin{bmatrix} x \\ u \end{bmatrix} + \begin{bmatrix} \eta \\ 0 \end{bmatrix}, \forall \begin{bmatrix} x \\ u \end{bmatrix} \in \Omega, |\eta| \leq \bar{\eta} \right\}.$$

Com base nestas premissas, o desenvolvimento que resulta no Teorema 2.2 pode ser estendido diretamente para o sistema descritor 2.5, substituindo-se adequadamente as matrizes correspondentes.

Observação 2.3. *Quando Ω é i.c.s.r., se o estado $\begin{bmatrix} x^T(k) & u^T(k) \end{bmatrix}^T$ pertence a Ω, então existe $\Delta u(k+1) \in \mathcal{U}$ tal que $\begin{bmatrix} x^T(k+1) & u^T(k+1) \end{bmatrix}^T \in \Omega$. Pode ser observado que $\Delta u(k+1)$ é escolhido com base em $\tilde{y}(k)$. Neste sentido, a realimentação pode ser considerada como do tipo atrasada.*

Observação 2.4. *O controle $\Delta u(k+1)$ afeta o estado imediatamente no instante $k+1$. Esta é uma característica de um sistema descritor, associada com o acoplamento entre o estado e as variáveis de entrada.*

23

Observação 2.5. *Não há, até o presente momento, um procedimento sistemático para o cálculo de um poliedro i.c.r.s; entretanto, poliedros invariantes controlados por realimentação de estado, com pequenas taxas de contração podem ser i.c.r.s. com λ maior, o que pode ser pode ser verificado com as condições do Teorema 2.2.*

2.4.3 Estudo de caso em um sistema de tanques interligados (controle de nível)

Uma plataforma experimental para controle de nível (34) mostrada na Fig. 2.3 foi utilizada para a configuração de um modelo descritor linear, a partir do esquema da Fig. 2.4 em torno de um ponto de operação. A plataforma é equipada com transmissores de nível baseados em pressão nos tanques 1 e 2, e o atuador é um conjunto moto-bomba mais conversor de frequência. Toda a comunicação é feita por rede ethernet, e os comandos podem ser realizados por meio de uma estação de trabalho (PC) com especificação: Intel(R) Core(TM) i7 CPU @ 2.67GHz, 4Gb memória RAM. A ferramenta OPC MATLAB © interage com um controlador lógico programável da Allen-Bradley ©, e desta forma é possível o controle com arquivos escritos diretamente em MATLAB. O modelo incremental para os volumes dos tanques no esquema da Fig. 2.4 é dado por:

$$E\dot{\mathbf{q}}_a(t) = A\mathbf{q}_a(t) + Bu_a(t), \tag{2.30a}$$

$$\mathbf{y}(t) = C\mathbf{q}_a(t) + \eta_a(t). \tag{2.30b}$$

com $\mathbf{q}_a = \begin{bmatrix} q_{a1} & q_{a2} & q_{a3} \end{bmatrix}^T$ é o vetor de estado consistindo dos volumes absolutos nos tanques, u_a é a vazão absoluta da bomba, $E = \begin{bmatrix} 1 & 0 & 0 \\ 0 & 1 & 0 \\ 0 & 0 & 0 \end{bmatrix}$, $A = \begin{bmatrix} -k_1 & 0 & 0 \\ k_1 & -k_2 & 0 \\ 1 & 1 & 1 \end{bmatrix}$, $B = \begin{bmatrix} 1 & 0 & 0 \end{bmatrix}^T$, a matriz de saída C depende dos níveis que são medidos, e $\eta(t)$ é o ruído de medição. Este modelo é de um sistema descritor, singular, e a equação correspondente à terceira linha pode ser facilmente justificada pelo princípio do balanço de massa, desde que o sistema não recebe nem tem demanda de material para o meio externo (35),(36):

$$q_{a1}(t) + q_{a2}(t) + q_{a3}(t) = 0 \tag{2.31}$$

O modelo dado pela Eq. 2.30 utiliza variáveis em valor absoluto. Será demonstrado em seguida que mudanças de escala são necessárias, levando em consideração que as variáveis no sistema são dadas em valores relativos. Para extração dos parâmetros do modelo, tanto o tanque 1 como o tanque 2 foram submetidos a ensaios de resposta ao degrau. Um

Figura 2.3: Plataforma experimental.

degrau de +5% na vazão de entrada do atuador foi aplicado a partir do ponto de operação para o ensaio do tanque 1, enquanto um degrau de -10% (+5% para -5%) foi utilizado no tanque 2. Para uma correta calibração do modelo, as seguintes equações com as variáveis em valores relativos foram consideradas:

$$\dot{q}_1(t) = \kappa_{v_1} u(t) - k_1 q_1(t), \qquad (2.32a)$$

$$\dot{q}_2(t) = \kappa_{v_2} u(t) - k_2 q_2(t). \qquad (2.32b)$$

Nas equações anteriores, os parâmetros κ_{v_1} e κ_{v_2} são utilizados para escalonar corretamente e tornar compatíveis a velocidade da bomba e os volumes nos tanques, que estão em valores-base diferentes. Os seguintes valores numéricos aproximados são então obtidos dos ensaios: $\kappa_{v_1} = 0,0190s^{-1}$, $\kappa_{v_2} = 0,0059s^{-1}$, $k_1 = 0,0104s^{-1}$ e $k_2 = 0,0042s^{-1}$. Adicionalmente, os tanques 1 e 2 tem parâmetros geométricos diferentes: a relação entre as secções transversais é $D_2 = \frac{27}{25}D_1$, e entre as alturas, $H_2 = 2H_1$; assim, um dado volume no taque 2 deve ser escalonado por um fator $\frac{D_2^2 H_2}{D_1^2 H_1} \approx 2,3328$, para termos como referência o volume percentual do tanque 1. Os volumes nos tanques 1 e 2 são medidos, mas não há sensor no tanque 3. Então, a equação algébrica do balanço de massa, referida ao tanque 1 pode ser adotada:

$$q_1 + 2,3328q_2 + q_3 = 0. \qquad (2.33)$$

25

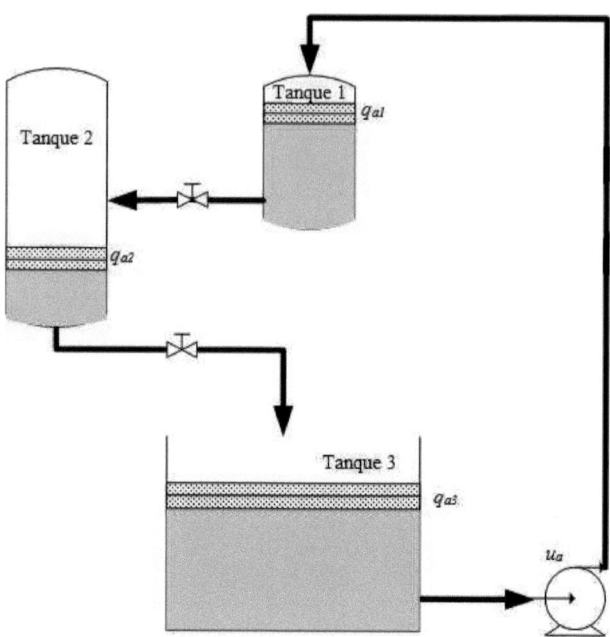

Figura 2.4: Sistema elaborado com três tanques.

Como comentário final, pode-se notar que ao acoplar a saída do tanque 1 para alimentar o tanque 2, é necessário escalonar o termo $k_1 q_1(t)$ pelo fator $\frac{\kappa_{v_2}}{\kappa_{v_1}}$. Agora, o modelo linearizado em variáveis relativas é dado por:

$$
\begin{bmatrix} 1 & 0 & 0 \\ 0 & 1 & 0 \\ 0 & 0 & 0 \end{bmatrix}
\begin{bmatrix} \dot{q}_1(t) \\ \dot{q}_2(t) \\ \dot{q}_3(t) \end{bmatrix}
=
\begin{bmatrix} -0,0104 & 0 & 0 \\ 0,0033 & -0,0042 & 0 \\ 1 & 2,3328 & 1 \end{bmatrix}
\begin{bmatrix} q_1(t) \\ q_2(t) \\ q_3(t) \end{bmatrix}
+
\begin{bmatrix} 0,0190 \\ 0 \\ 0 \end{bmatrix}
u(t).
$$

Na Fig. 2.5 são mostradas as respostas experimental e simulada dos volumes dos tanques 1 e 2, a uma seqüencia de degraus de +5%, −10% em que se observa que o modelo é bastante consistente e pode ser utilizado no projeto dos controladores.

2.4.4 Resultados de I.C.R.S.

São mostrados a seguir resultados de simulação e experimentais utilizando i.c.r.s. Um período de amostragem $T_s = 3s$ foi utilizado. As restrições consideradas são $|q_1| \leq 9$, $|q_2| \leq 7$, $|q_3| \leq 25,33$, $|u| \leq 15$. O sistema na forma aumentada resulta em:

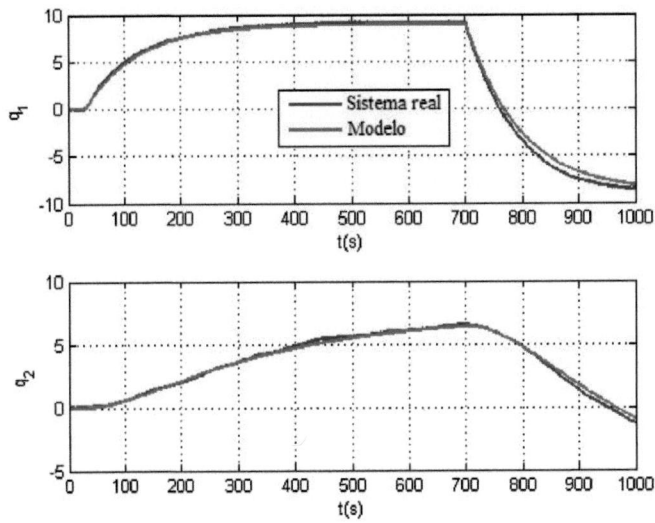

Figura 2.5: Respostas do sistema e do modelo identificado para uma sequência de degraus de +5%, −10%.

$$
\begin{bmatrix} q_1(k+1) \\ q_2(k+2) \\ q_3(k+3) \\ u(k+1) \end{bmatrix} = \begin{bmatrix} 0,9692 & 0 & 0 & 0,0560 \\ 0,0095 & 0,9876 & 0 & 0,0003 \\ -0,9915 & 2,3038 & 0 & -0,0566 \\ 0 & 0 & 0 & 1 \end{bmatrix} \begin{bmatrix} q_1(k) \\ q_2(k) \\ q_3(k) \\ u(k) \end{bmatrix} + \begin{bmatrix} 0 \\ 0 \\ 0 \\ 1 \end{bmatrix} \Delta u(k+1).
$$

O poliedro que define as restrições não é invariante controlado, mas pode-se calcular o máximo invariante controlado contido neste utilizando, por exemplo a metodologia descrita em (20). Uma taxa de contração $\lambda = 0,95$ foi utilizada.

A condição de i.c.r.s. para o poliedro obtido foi verificada com a equação de saída:

$$
\tilde{\mathbf{y}}(k) = \begin{bmatrix} C & 0 \\ 0 & I \end{bmatrix} \begin{bmatrix} \mathbf{q}(k) \\ u(k) \end{bmatrix} + \begin{bmatrix} \eta(k) \\ 0 \end{bmatrix},
$$

quando duas matrizes C foram consideradas: $C = I$ (medição completa dos estados, mas com ruído) e $C = \begin{bmatrix} 0 & 1 & 0 \end{bmatrix}$ (apenas q_2 é medido), com ruídos, respectivamente, $|\eta(k)| \leq \begin{bmatrix} 0,2 & 0,2 & 0,667 \end{bmatrix}^T$ - a terceira entrada do vetor foi adotada com base na equação algébrica - e $|\eta(k)| \leq 0,2$. O poliedro resultou i.c.r.s. com taxas de contração $\lambda = 0,9536$ e $\lambda = 0,9884$, respectivamente para $C = I$ e $C = \begin{bmatrix} 0 & 1 & 0 \end{bmatrix}$.

O controle $\Delta u(k+1)$ foi calculado *online* a partir das PLs 2.23, 2.28 com as matrizes apropriadas do modelo aumentado.

A condição inicial $\mathbf{q}(0) = \begin{bmatrix} -7,069 & -1,176 & 9,803 \end{bmatrix}^T$, $u(0) = 15$ foi adotada no experimento com medição de todos os estados.

Na Fig. 2.6 são mostradas a trajetória dos estados e a projeção do poliedro invariante sobre o espaço de estados. É possível observar a boa concordância entre os resultados simulados e experimentais, com total respeito às restrições. Na Fig. 2.7 é ilustrado o esforço de controle nesta situação.

É interessante destacar a tendência no esforço de controle. Tal tendência ilustra o fato de a solução da PL (2.28) ser uma função afim por partes de $\mathbf{y}(k)$, $\mathbf{u}(k)$.

O experimento com q_2 sendo a única medição foi feito com a condição inicial $\mathbf{q}(0) = \begin{bmatrix} -5,827 & -1,423 & 9,146 \end{bmatrix}^T$, $u(0) = 15$. Novamente, uma boa concordância entre os resultados de simulação e experimentais pode ser observada. Os resultados são mostrados nas Figuras 2.8 e 2.9.

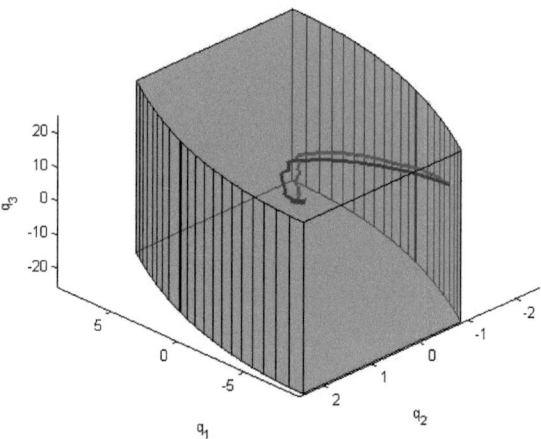

Figura 2.6: Poliedro com trajetória do estado para ilustração de invariância controlada com medição de todo o estado: simulado (preto) e experimental (vermelho).

28

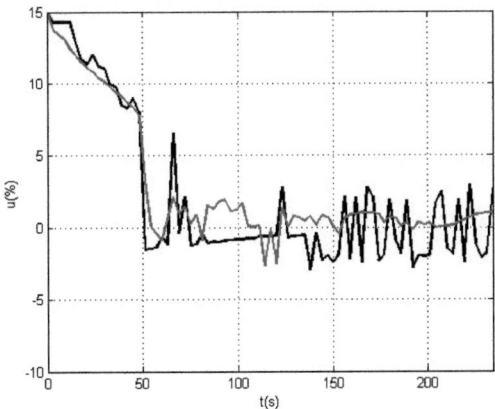

Figura 2.7: Esforço de controle com medição de todo o estado: simulado (preto) e experimental (vermelho).

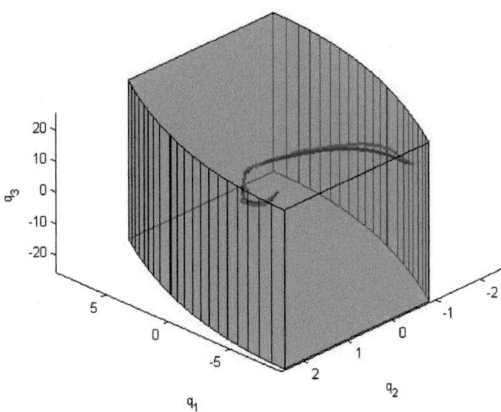

Figura 2.8: Poliedro com trajetória do estado para ilustração de invariância controlada com medição q_2: simulado (preto) e experimental (vermelho).

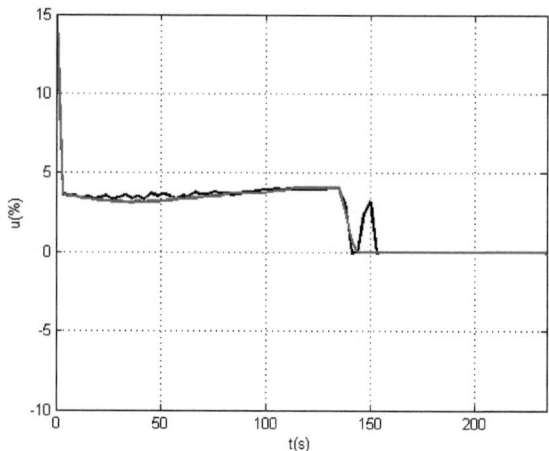

Figura 2.9: Esforço de controle com medição de q_2: simulado (preto) e experimental (vermelho).

2.4.5 Comentários adicionais

Sistemas descritores regulares possuem restrições algébricas envolvendo as variáveis de estado, o distúrbio, quando existe, e o controle, dadas por:

$$0 = A_{21}\mathbf{x}_1(0) + A_{22}\mathbf{x}_2(0) + B_{22}\mathbf{u}(0) + B_{12}\mathbf{d}(0) \tag{2.34}$$

Desta forma, as condições iniciais devem ser consistentes com estas restrições, como já discutido na Seção 2.2. Os resultados apresentados sobre as condições iniciais admissíveis pode ser facilmente estendido ao caso de realimentação de saída. No sistema do estudo de caso, a equação algébrica depende apenas das variáveis de estado e não há distúrbio, e desta forma a inicialização do controle é livre.

Na estrutura de controle proposta, o cálculo da lei de controle $u(k+1)$ é feito com base na medição $y(k)$ e na controle $u(k)$ atuais. É importante comentar que se $u(k)$ não for considerado como uma saída, então o poliedro calculado deixa de ser i.c.r.s..

2.5 Regularização de sistemas descritores sob restrições

2.5.1 Preliminares

A definição de regularidade de sistemas descritores e suas implicações foram brevemente introduzidas no capítulo 1. Outra definição importante para sistemas de tempo discreto é a de causalidade, que é estreitamente relacionada à definição de imunidade a impulsão no caso contínuo. Um sistema descritor é dito admissível, isto é, representa o modelo de algum sistema físico, se for causal. No caso de tempo contínuo, esta definição é controversa, e é um argumento aberto em duas vertentes, uma pela não admissibilidade e outra pela admissibilidade. Para sistemas lineares na forma padrão, uma interessante nota filosófica pode ser encontrada em (37) - ver seção 2.6, pp. 34-35. Nela, uma discussão sobre o operador derivada e sua realização (causalidade) é trazida do ponto de vista de sua aproximação, se para frente $(t + \Delta)$ ou para trás $(t - \Delta)$. Um problema de interesse crescente na literatura é a chamada regularização de sistemas descritores: dado um sistema descritor não-regular (ou não-causal), determinar em que condições existe uma lei de controle que torna o sistema causal e, por conseqüência, regular. O caso de tempo contínuo é largamente explorado, e diversas contribuições sobre condições necessárias e suficientes são bem estabelecidas, por exemplo, utilizando realimentação de estados (15),(38), realimentação de saída (39),(40),(41), realimentação da derivada dos estados (15) e realimentação PD (proporcional+derivativa) (42),(43). Para sistemas de tempo discreto, uma quantidade relativamente pequena de trabalhos aborda a regularização. Dentre alguns exemplos, destaca-se o uso de LMIs em (44) e (45). Quando o problema é associado simultaneamente com controle sob restrições, tem-se uma linha que representa a fronteira do conhecimento para esta classe de sistemas. Uma das raras contribuições a este problema pode ser vista em (26), que utiliza realimentação de estados linear, portanto, com soluções conservadoras, através do conceito de conjunto positivamente invariante.

Neste contexto, esta seção tem o obetivo de apresentar alguns estudos e observações a respeito da possibilidade da solução do problema de regularização com simultâneo respeito a restrições utilizando técnicas de invariância controlada. Será apresentado um sumário dos principais resultados para o problema da regularização por realimentação de estados e de saída, e a seguir, alguns exemplos serão tratados a partir da proposição de uma lei de controle mista com uma parcela linear no subestado algébrico um termo livre, possivelmente não-linear. Para estes estudos, será utilizada a estrutura aumentada proposta na seção 2.2.

2.5.2 Regularização

Sem perda de generalidade, considere o sistema descritor na forma:

$$E\mathbf{x}(k+1) = A\mathbf{x}(k) + B_2\mathbf{u}(k), \tag{2.35}$$

com as matrizes na forma

$$E = \begin{bmatrix} I_q & 0 \\ 0 & 0 \end{bmatrix}, A = \begin{bmatrix} A_{11} & A_{12} \\ A_{21} & A_{22} \end{bmatrix}, B_2 = \begin{bmatrix} B_{21} \\ B_{22} \end{bmatrix}.$$

Conforme mostrado no capítulo 1, este sistema descritor é regular se $det(zE - A) \neq 0$. Adicionalmente, para que se possa atribuir um sentido físico ao sistema, ou seja, a possibilidade de realização, o sistema deve ser causal, isto é, $grau\,[det(zE - A)] = \rho(E)$. Ainda no capítulo 1, foi discutida a importante propriedade que descreve que todo sistema descritor causal é também regular.

Sistemas não-regulares tem uma importância mais teórica, mas do ponto de vista prático, sistemas descritores não-causais podem ser obtidos, por exemplo, pela discretização de sistemas descritores de tempo contínuo impulsivos (46),(47). Neste contexto, o problema de regularização pode ser descrito como: dado um sistema descritor não-regular ou não-causal, determinar uma lei de controle, função do estado ou da saída, de forma que o sistema em malha fechada seja causal. É importante destacar que, a solução deste problema para o caso discreto implica na solução do problema do caso contínuo tornando o sistema livre de impulsão.

Seja o estado do sistema $\mathbf{x}(k) = \begin{bmatrix} \mathbf{x}_1^T(k) & \mathbf{x}_2^T(k) \end{bmatrix}^T$. A lei de controle:

$$\mathbf{u}(k) = \mathbf{F}_2\mathbf{x}_2(k) + \mathbf{w}(k), \tag{2.36}$$

leva o sistema para a forma:

$$\begin{bmatrix} I & 0 \\ 0 & 0 \end{bmatrix} \begin{bmatrix} \mathbf{x}_1(k+1) \\ \mathbf{x}_2(k+1) \end{bmatrix} = \begin{bmatrix} A_{11} & A_{12} + B_{21}\mathbf{F}_2 \\ A_{21} & A_{22} + B_{22}\mathbf{F}_2 \end{bmatrix} \begin{bmatrix} \mathbf{x}_1(k) \\ \mathbf{x}_2(k) \end{bmatrix} + \begin{bmatrix} B_{21} \\ B_{22} \end{bmatrix} \mathbf{w}(k). \tag{2.37}$$

Claramente, o sistema é regularizável se e somente se $\exists \mathbf{F}_2 \,:\, det(A_{22} + B_{22}\mathbf{F}_2) \neq 0$. Em (45), condições necessárias e suficientes via LMIs para regularização utilizando uma lei de controle nesta forma são estabelecidas, bem como a parametrização de todos os controladores regularizantes na forma da Eq. 2.36.

Uma vez que o sistema é regularizado, é possível aplicar as técnicas descritas na seção 2.2 para o projeto sob restrições por invariância controlada. Entretanto, o conjunto de ganhos regularizante é um domínio certamente infinito, o que leva a imaginar-se de que forma a escolha de um ganho específico dentro deste domínio afeta o cálculo do maior invariante controlado. Estabelecer uma correlação entre o ganho reagularizante $\mathbf{F}_2$ e as condições de invariância controlada de forma analítica é uma tarefa possivelmente insolúvel para um problema geral, mas algumas situações peculiares podem ser investigadas do ponto de vista numérico.

Seja o sistema da Eq. 2.36, com a adição de uma perturbação, não-regular ou não-causal. O sistema é, por hipótese, regularizável pela realimentação linear do subestado $\mathbf{x}_2$. Assim, a forma padrão aumentada resultante é dada por:

$$
\begin{bmatrix} \mathbf{x}_1(k+1) \\ \mathbf{x}_2(k+1) \\ \mathbf{v}(k+1) \end{bmatrix} = \begin{bmatrix} A_{11} - A_{12}\bar{A}_{22}^{-1}A_{21} & 0 & B_{21} - A_{12}\bar{A}_{22}^{-1}B_{22} \\ -\bar{A}_{22}^{-1}A_{21}(A_{11} - A_{12}\bar{A}_{22}^{-1}A_{21}) & 0 & -\bar{A}_{22}^{-1}\left[A_{21}(B_{21} - A_{12}\bar{A}_{22}^{-1}B_{22}) + B_{22}\right] \\ 0 & 0 & I \end{bmatrix} \begin{bmatrix} \mathbf{x}_1(k) \\ \mathbf{x}_2(k) \\ \mathbf{w}(k) \end{bmatrix} +
$$

$$
\begin{bmatrix} 0 \\ -\bar{A}_{22}^{-1}B_{22} \\ I \end{bmatrix} \Delta \mathbf{v}(k+1) + \begin{bmatrix} B_{11} - A_{12}\bar{A}_{22}^{-1}B_{12} & 0 \\ -\bar{A}_{22}^{-1}A_{21}(B_{11} - A_{12}\bar{A}_{22}^{-1}B_{12}) & -\bar{A}_{22}^{-1}B_{12} \\ 0 & 0 \end{bmatrix} \bar{\mathbf{d}}(k),
$$

onde $\bar{A}_{22} = A_{22} + B_{22}\mathbf{F}_2$. A próxima subseção é dedicada ao estudo de algumas situações de interesse.

2.5.3 Análise de exemplos específicos de regularização com restrições

Três exemplos são analisados, levando em conta: (i) restrições no vetor de estados e controle irrestrito (ilimitado); (ii) restrições nos estados e no controle.

Exemplo A

O primeiro sistema tem as matrizes a seguir:

$$
E = \begin{bmatrix} 1 & 0 \\ 0 & 0 \end{bmatrix}, \quad A = \begin{bmatrix} \frac{1}{2} & 0 \\ -\frac{1}{5} & 0 \end{bmatrix}, \quad B_2 = \begin{bmatrix} 1 \\ 1 \end{bmatrix}, \quad B_1 = \begin{bmatrix} 1 \\ 0 \end{bmatrix}.
$$

A perturbação é limitada tal que $|d(k)| \leq \gamma$. As restrições no estado e no controle são:

$$
\Omega_x = \{x : |G_x x| \leq \rho_x\}, \quad G_x = \begin{bmatrix} 2 & 1 \\ 1 & 1 \end{bmatrix}, \quad \rho_x = \begin{bmatrix} 2 \\ 2 \end{bmatrix},
$$

$$
|u| \leq v.
$$

A lei de controle que assegura a regularização é $u(k) = F_2 x_2(k) + w(k)$. Pode-se verificar que esta lei de controle regulariza o sistema para $F_2 \in \mathbb{R}^*$. É importante observar que, no presente exemplo e nos demais, para sistema aumentado, a restrição $|F_2 x_2 + v| \leq g$ deve ser acrescentada ao poliedro no espaço aumentado $\begin{bmatrix} x \\ w \end{bmatrix}$.

Variou-se então F_2 no intervalo $[-20, 20]$ a fim de verificar o efeito no maior poliedro invariante controlado. Os seguintes cenários foram simulados, para uma taxa de contração $\lambda = 0,95$:

- Considerando $v\infty$, ou seja, sistema sem restrição no controle, observa-se, para $\gamma \leq 0,56$, que a projeção do poliedro sobre o espaço de estados tem área S_x constante, conforme a figura 2.10.

- Considerando $v = 1$, observa-se que a área S_x da projeção do maior poliedro invariante controlado varia com o ganho regularizante, na forma de uma função com simetria par. Esta função apresenta também uma dependência com o a amplitude máxima da perturbação γ, conforme pode ser observado na figura 2.11

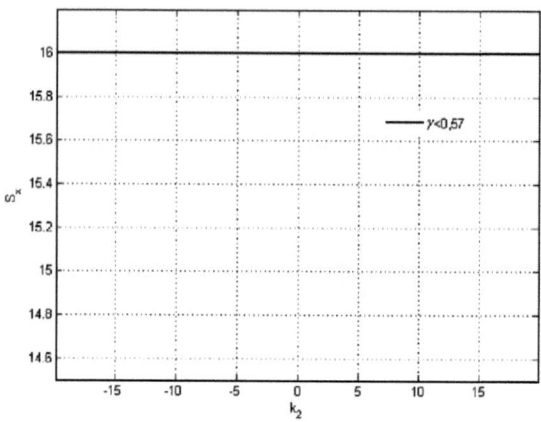

Figura 2.10: Área da projeção no espaço de estados do maior poliedro invariante para o exemplo A, sem restrição no sinal de controle .

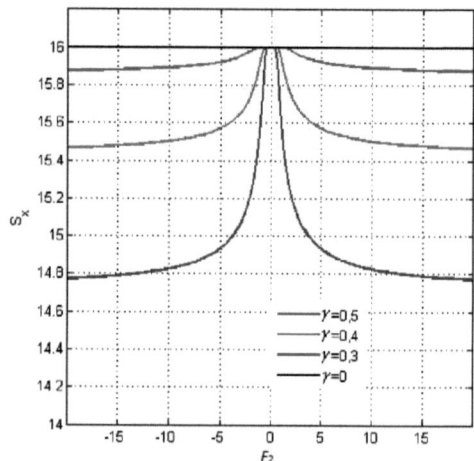

Figura 2.11: Área da projeção no espaço de estados do maior poliedro invariante para o exemplo A, com restrição no sinal de controle $|u| \leq 1$, e diversos valores de amplitude máxima da perturbação $d(k)$.

Exemplo B

Este exemplo é visto em (26), cujas matrizes são:

$$E = \begin{bmatrix} 1 & 0 & 0 \\ 0 & 1 & 0 \\ 0 & 0 & 0 \end{bmatrix}, A = \begin{bmatrix} 0,2 & 0,4 & -0,3 \\ 2,0 & 1,0 & 0,5 \\ -0,4 & -0,5 & 0,0 \end{bmatrix}, B_2 = \begin{bmatrix} 1 \\ 0,5 \\ 1,0 \end{bmatrix}, B_1 = \begin{bmatrix} 0 \\ 0 \\ 0 \end{bmatrix}.$$

Note que este sistema é regular de acordo com a definição 1.1, porém, é não causal, pois $A_{22} = 0$. Então, o conceito de regularização discutido no presente capítulo pode ser aplicado. As restrições no estado e no controle tem forma semelhante ao exemplo A, com:

$$G_x = \begin{bmatrix} 20 & 40 & 0 \\ -15 & 20 & 0 \\ 4 & 8 & 40 \end{bmatrix}, \rho_x = \begin{bmatrix} 100 \\ 100 \\ 100 \end{bmatrix},$$

$$|u| \le v.$$

Novamente, é possível verificar que o sistema em malha fechada com o controle $u(k) = F_2 x_2(k) + w(k)$ será regular para todo $F_2 \in \mathbb{R}^*$. A taxa de contração escolhida foi $\lambda = 0,8$. Variando-se então k_2 no intervalo $[-20, 20]$, obtém-se a família de curvas da figura 2.12, para variados limites na restrição v do sinal de controle. Novamente, observa-se um comportamento similar ao do exemplo A, onde o volume da projeção do maior poliedro invariante contido nas restrições é invariante no caso sem restrição no controle. Quando uma restrição é imposta, observa-se então uma dependência do tamanho da projeção com o ganho regularizante.

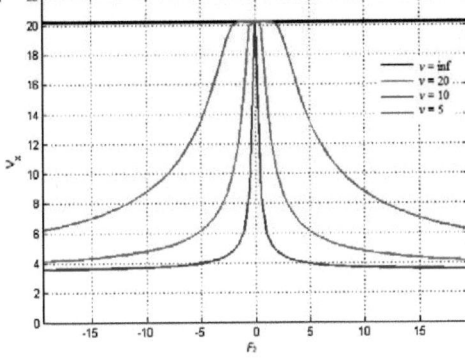

Figura 2.12: Volume da projeção no espaço de estados do maior poliedro invariante para o exemplo B, para diversos valores de amplitude máxima da controle $u(k)$.

Exemplo C

Este exemplo ilustra um caso multivariável, adaptado de (45). As matrizes do sistema são

$$E = \begin{bmatrix} 1 & 0 & 0 \\ 0 & 1 & 0 \\ 0 & 0 & 0 \end{bmatrix}, \ A = \begin{bmatrix} 2,4 & 0,2 & 0,0 \\ -0,8 & 1,1 & 0,0 \\ 0,0 & 0,0 & 0,0 \end{bmatrix}, \ B_2 = \begin{bmatrix} 0 & 1 & 1 \\ 1 & -2 & -2 \\ 1 & 2 & 1 \end{bmatrix}, \ B_1 = \begin{bmatrix} 0 \\ 0 \\ 0 \end{bmatrix}.$$

A restrição no estado e no controle é definida pelas matrizes:

$$G_x = \begin{bmatrix} 0,1746 & -0,5833 & 0,1139 \\ -0,1867 & 2,1832 & 1,0668 \\ 0,725 & -0,1364 & 0,0593 \end{bmatrix}, \ \rho_x = \begin{bmatrix} 1 \\ 1 \\ 1 \end{bmatrix},$$

$$|u_j| \le v.$$

Para uma taxa de contração $\lambda = 0,25$, foram simulados 200 ensaios gerando ganhos regularizantes aleatórios $k_2 \in \mathbb{R}^{1 \times 3}$, e o volume da projeção do maior poliedro invariante controlado foi calculado para cada ensaio. A figura 2.13 mostra o volume da projeção em função da norma do ganho regularizante, e é possível notar que, para o caso com restrições no controle, existe uma faixa para a norma do ganho para o qual á projeção é a maior possível.

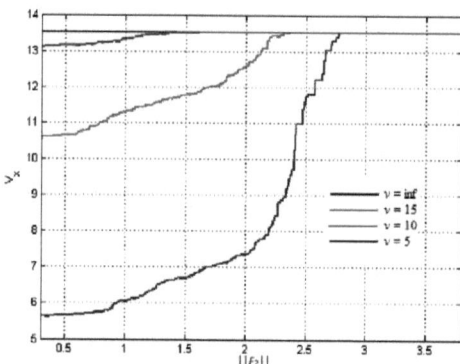

Figura 2.13: Volume da projeção no espaço de estados do maior poliedro invariante em função da norma do ganho regularizante para o exemplo C, para diversos valores de amplitude máxima da controle $u(k)$.

2.6 Comentários conclusivos

Neste capítulo, a extensão de resultados de invariância controlada de poliedros foram estendidos para sistemas descritores singulares e causais. Tal extensão foi possível a partir da transformação das equações do sistema para uma forma padrão aumentada, na qual o controle é também tratado como variável de estado e o seu incremento um passo a frente passa ao papel de sinal de controle. Também foi feita a caracterização

36

da inicialização do sistema, que apresenta particularidades não presentes nos sistemas padrão. A nova forma aumentada foi então utilizada no projeto de controle sob restrições dadas por poliedros em um exemplo de simulação para realimentação de estados e em um estudo de caso experimental para realimentação de saída. Os resultados confirmaram o mérito da abordagem proposta.

Ainda, com base na nova forma padrão aumentada introduzida, foi apresentado um estudo preliminar do problema de regularização de sistemas descritores de tempo discreto, com simultâneo respeito à restrições no estado e no controle. Tal estudo foi feito por meio de simulações numéricas, tomando como parâmetros de observação o ganho regularizante (caso monovariável) ou sua norma (caso multivariável) e seu impacto no maior poliedro invariante controlado, por meio da observação da área ou volume de sua projeção no espaço de estados. Este é um indicador interessante, devido ao fato que o maior poliedro invariante controlado sempre está contido nas restrições, ou seja, projeções com o mesmo volume ou área certamente serão iguais, ao passo que uma diminuição deste indicador significa um poliedro menor. As observações feitas dão indícios de duas importantes possibilidade, porém de difícil prova analítica:

- a projeção do maior poliedro invariante no espaço de estados parece ser invariante com o ganho regularizante para sistemas com controle sem restrições.

- para problemas com restrições, existe uma faixa de ganho regularizante para a qual o maior poliedro invariante controlado tem o (hiper)volume de sua projeção no espaço de estados o maior possível.

Com base nestas observações, seria verossímel concluir que, para um dado problema específico, pode ser possível determinar o ganho regularizante ótimo com respeito ao (hiper)volume da projeção estudada.

37

Capítulo 3

Conjuntos Invariantes Condicionados e Estimação de Estados

3.1 Preliminares

O problema da observação da estado desempenha um papel central na teoria de controle de sistemas e aplicações. A técnica de realimentação de estado, muitas vezes é aplicável devido ao desenvolvimento de observadores de estado. A primeira grande contribuição sobre o tema pode ser vista nas obras de Luenberger (48),(49),(8) e tantos outros foram publicados, que ajudaram a consolidar o tema. No caso de sistemas descritores, a questão é um pouco mais difícil, devido ao fato de que a noção de observabilidade difere consideravelmente em relação aos sistemas na forma padrão. Importantes contribuições em estimação de estados e projeto de observadores podem ser encontradas em vários trabalhos (50),(51),(52),(53),(54). Por outro lado, o interesse de observadores que apresentam a capacidade de delimitar erro, lidando com os distúrbios na planta e ruído de medição, tem sido crescente nos últimos tempos. Algumas importantes contribuições sobre desacoplamento/atenuação de perturbações em observadores/filtros podem ser vistas em (55) e (56). O uso de invariância de conjuntos para a limitação de erro de observação foi introduzida e melhorada nos trabalhos (57),(58) e (59). Neste capítulo, a invariância condicionada de conjuntos poliédricos para os observadores com forma padrão no espaço de estados é estendida para os do tipo descritor. Um observador descritor é então proposto, com uma lei de injeção de saída adequada com um termo estático e outro atrasado, que impõe ao erro o confinamento a tal poliedro invariante. A idéia é semelhante à utilizada na seção anterior, onde a equação de estado foi re-escrita para uma forma padrão equivalente, com a finalidade de se projetar controle sob restrições baseado em conjuntos invariantes. Exemplos numéricos são apresentados para confirmar a eficácia do observador proposto. Um estudo de caso, utilizando a plataforma experimental descrita no capítulo

2, é apresentado de forma a consolidar melhor as contribuições apresentadas.

3.2 Observadores de estado com limitação de erro

3.2.1 O problema da estimação de estado

Seja o modelo de um sistema descritor linear invariante no tempo, sujeito a ruído de medição na saída, dado por:

$$E\mathbf{x}(k+1) = A\mathbf{x}(k) + B_1\mathbf{d}(k) \tag{3.1}$$
$$y(k) = Cx(k) + \eta(k),$$

em que $\mathbf{x} \in \mathbb{R}^n$ é o vetor de estados, $\mathbf{d} \in \mathbb{R}^p$ é um distúrbio, $y \in \mathbb{R}$ é a saída e $\eta \in \mathbb{R}$ é um ruído de medição. Sem perda de generalidade, considere-se tal sistema descritor causal com as seguintes matrizes:

$$E = \begin{bmatrix} I & 0 \\ 0 & 0 \end{bmatrix}, \ A = \begin{bmatrix} A_{11} & A_{12} \\ A_{21} & A_{22} \end{bmatrix}, \ B_1 = \begin{bmatrix} B_{11} \\ B_{12} \end{bmatrix}. \tag{3.2}$$

O problema de obter um observador de estados (estimador) consiste em construir um sistema dinâmico, padrão ou descritor, de tal forma que, para o caso não perturbado ($\mathbf{d}(k) \equiv 0$ e $\eta(k) \equiv 0$) o vetor de estado estimado $\hat{\mathbf{x}}(k)$ resultante deste modelo obedeça $\lim_{k\to\infty} [\mathbf{x}(k) - \hat{\mathbf{x}}(k)] = 0$. Diversos trabalhos tratam deste problema, e algumas contribuições importantes podem ser encontradas na forma de observadores padrão ou descritores de tempo discreto (51), e ainda observadores descritores de tempo contínuo ou discreto do tipo PD (proporcional-derivativo) (52), e também observadores descritores proporcional-integral de tempo contínuo (53) e de tempo discreto (54).

3.2.2 Conjuntos invariantes condicionados

Nesta seção, trataremos do conceito de invariância condicionada e toda sua construção para sistemas lineares na forma padrão. Será visto em seguida que toda a teoria apresentada pode ser facilmente estendida ao observador descritor proposto, quando será provado que o mesmo tem uma forma padrão com algumas características adicionais. Todos os conceitos apresentados são baseados nos trabalhos (57),(58),(59), nos quais podem ser encontradas descrições mais detalhadas.

Seja o sistema linear, invariante no tempo, sujeito a ruído de medição e perturbações limitados em amplitude na forma padrão:

$$\mathbf{x}(k+1) = A\mathbf{x}(k) + B_1\mathbf{d}(k) \tag{3.3}$$
$$y(k) = C\mathbf{x}(k) + \eta(k),$$

e um observador de ordem completa dado por:

$$\hat{\mathbf{x}}(k+1) = A\hat{\mathbf{x}}(k) - \mathbf{v}(z(k)) \tag{3.4}$$
$$\hat{y}(k) = C\hat{\mathbf{x}}(k),$$

onde $\mathbf{v}(z(k))$ é uma lei de injeção de saída. Definindo-se o erro de estimação de estado como $\mathbf{e}(k) = \mathbf{x}(k) - \hat{\mathbf{x}}(k)$ e $z(k) = y(k) - \hat{y}(k)$, tem-se a seguinte equação de estado para o erro:

$$\mathbf{e}(k+1) = A\mathbf{e}(k) + B_1 d(k) + \mathbf{v}(z(k)) \tag{3.5}$$
$$z(k) = C\mathbf{e}(k) + \eta(k).$$

O ponto de partida é a definição de *invariância condicionada* de um conjunto compacto $\Omega \subset \mathbb{R}^n$. Considera-se que distúrbio $\mathbf{d}$ é suposto limitado e pertence ao conjunto compacto $\mathcal{D} \subset \mathbb{R}^r$, e o ruído de medição ao conjunto $\mathcal{N} = \{\eta : |\eta| \leq \overline{\eta}\}$.

Definição 3.1. *Dado* $0 < \lambda < 1$, *o conjunto* $\Omega \subset \mathbb{R}^n$, *é dito invariante condicionado* λ-*contrativo com relação ao sistema 3.5 se* $\forall \mathbf{e}(k) \in \Omega$, $\exists \mathbf{v}(z(k))$ *tal que* $\mathbf{e}(k+1) \in \lambda\Omega, \forall \mathbf{d}(k) \in \mathcal{D}, \forall \eta(k) \in \mathcal{N}$.

Sendo Ω um conjunto compacto definido no espaço do erro de estimação, cujo interior contém a origem, tal conjunto induz o seguinte conjunto de *saídas admissíveis*:

$$\mathcal{Z}(\Omega, \overline{\eta}) = \{z : z = C\mathbf{e} + \eta, \mathbf{e} \in \Omega, |\eta| \leq \overline{\eta}\}.$$

O conjunto dos erros de estimação $\overline{\eta}$-consistentes com cada $z \in \mathcal{Z}(\Omega, \overline{\eta})$ é dado por:

$$\mathcal{E}(z) = \{\mathbf{e} : C\mathbf{e} = z - \eta, |\eta| \leq \overline{\eta}\}.$$

Com estas considerações, a definição 3.1 pode ser enunciada como segue: um conjunto $\Omega \subset \mathbb{R}^n$, é dito ser invariante condicionado λ-contrativo em relação ao sistema 3.5 se $\forall z \in \mathcal{Z}(\Omega, \overline{\eta}), \exists v : A\mathbf{e} + B_1\mathbf{d} + \mathbf{v} \in \lambda\Omega, \forall \mathbf{d} \in \mathcal{D}, \forall \mathbf{e} \in \mathcal{E}(z) \cap \Omega$.

Sejam agora Ω e $\mathcal{D}$ poliedros convexos compactos cujo interior contém a origem:

$$\Omega = \{\mathbf{e} : G\mathbf{e} \leq \rho\}, \mathcal{D} = \{\mathbf{d} : V\mathbf{d} \leq \mu\}.$$

O conjunto de saídas admissíveis $\mathcal{Z}(\Omega, \bar{\eta})$ é um segmento de reta em $\mathbb{R}$ dado por:

$$\mathcal{Z}(\Omega, \bar{\eta}) = \{z : z = Ce + \eta, e : Ge \leq \rho, \eta : |\eta| \leq \bar{\eta}\}.$$

Pode-se notar que Ω será invariante condicionado λ-contrativo se e somente se, $\forall z \in \mathcal{Z}(\Omega, \bar{\eta})$:

$$\exists v : G(Ae + B_1 d + v) \leq \lambda \rho, \forall e, \eta : z = Ce + \eta, Ge \leq \rho, |\eta| \leq \bar{\eta}, \forall d \in \mathcal{D}.$$

Serão resumidos agora os principais resultados sobre invariância condicionada de poliedros vistos em (57),(58) e (59). Considere os vetores $\phi(\Omega, z)$ e δ:

$$\phi_i(\Omega, z) = \max_{e, \eta} G_i Ae$$
$$\text{s.a. } Ge \leq \rho, |\eta| \leq \bar{\eta}, Ce + \eta = z \Leftrightarrow Ge \leq \rho, |Ce - z| \leq \bar{\eta}.$$

$$\delta_i = \max_d G_i B_1 d$$
$$\text{s.a. } Vd \leq \mu.$$

Em termos destes vetores, a condição para invariância condicionada é dada por:

$$\exists v(z) : \phi(\Omega, z) + Gv(z) \leq \lambda \rho - \delta.$$

Esta condição pode ser numericamente difícil de verificar, dado que a função $\phi(\Omega, z)$ é côncava e afim por partes. Esta dificuldade pode ser superada pela utilização da representação externa de Ω baseada em seus vértices e^j, $j = 1, 2..., n_v$. Para cada vértice, dois pontos de quebra de $\phi(\Omega, z)$ estão em: $z_-^j = Ce^j - \bar{\eta}$ e $z_+^j = Ce^j + \bar{\eta}$. Então, é possível definir o seguinte conjunto $\mathcal{Z}(\Omega, \bar{\eta}) = \{z : z = z_-^j, z = z_+^j, j = 1, ..., n_v\}$ com cardinalidade n_z. O teorema a seguir fornece uma condição necessária e suficiente numericamente tratável para invariância condicionada de poliedros (59):

Teorema 3.1. *O poliedro* $\Omega = \{Ge \leq \rho\}$ *é invariante condicionado* λ-*contrativo se e somente se:*

$$\forall \ell = 1, ..., n_z, \exists v(z^\ell) : \phi(\Omega, z^\ell) + Gv(z^\ell) \leq \lambda \rho - \delta.$$

Este resultado vem do fato de que $\phi(\Omega, z)$ é afim no intervalo $[z^\ell, z^{\ell+1}]$. Desta forma, a verificação da condição pode ser feita através da solução dos seguintes problemas de programação linear:

$$\epsilon(z_\ell) = \min_{\varepsilon, \mathbf{v}} \varepsilon \qquad (3.6)$$
$$\text{s.a. } \phi(\Omega, z) + G\mathbf{v} \leq \varepsilon \rho - \delta, \ \ell = 1, 2, ..., n_z.$$

Ω é então invariante condicionado se $\forall \ell, \epsilon(z^\ell) \leq \lambda$.

No caso em que os poliedros Ω e $\mathcal{D}$ são simétricos em relação a origem, o seguinte lema fornece uma condição necessária para invariância de Ω:

41

Lema 3.2. $\Omega = \{e : |Ge| \leq \rho\}$ *é invariante λ-contrativo somente se:*

$$\phi(\Omega, 0) \leq \lambda\rho - \delta. \tag{3.7}$$

Este lema, apesar de ser apenas uma condição necessária, é muito mais fácil de verificar do que a condição necessária e suficiente do teorema 2.1, devido ao fato de não haver necessidade de cálculos envolvendo os vértices. Ademais, a mesma torna-se também suficiente quando $l = n - 1$ (o número de saídas é igual ao número de estados menos 1) (59).

Agora, o interesse é na construção de um poliedro invariante condicionado que contenha o conjunto dos erros iniciais possíveis Ω, o qual assume-se ser um poliedro convexo compacto 0-simétrico. Idealmente, tal poliedro deve ser o menor possível de forma a impor o máximo de limitação sobre o erro de estimação. O conjunto desejado pode ser calculado pelo uso judicioso do seguinte algoritmo:

Algoritmo 1: $\quad X^{k+1} = \text{conv}[\lambda^{-1}R(X^k) \cup X^k]$, com: $R(X^k) = A(\mathcal{E}(0) \cap X^k) + B_1\mathcal{V}$, $X^0 = \Omega$.

Comentário 1: Em (59) é mostrado que o conjunto $X^\infty(\Omega, \lambda) = \lim_{k\to\infty} X^k$ é o menor conjunto simétrico convexo que contém Ω e satisfaz a condição necessária $A(\mathcal{E}(0) \cap X) + B_1\mathcal{V} \subset \lambda X$ (Lema 2.1). Tal conjunto é então um candidato a ser o menor conjunto invariante condicionado que contém Ω. Além disso, para o caso particular em que o número de saídas é $l = n - 1$ e que o ruído de medição está ausente, o conjunto $X^\infty(\Omega, \lambda)$ é de fato o menor invariante condicionado que contém Ω.

No caso geral, se $X^\infty(\Omega, \lambda)$ não é invariante, um outro algoritmo (Algoritmo 2 em (58), (59) e (60)) pode ser utilizado, cuja saída é um poliedro pequeno , não necessariamente o menor. O menor invariante pode até não existir, em geral.

Com um poliedro invariante condicionado à disposição, deve-se calcular uma lei de injeção de saída que assegure a limitação do erro de estimação, e algumas possibilidades são:

1. A solução *online*, em cada passo, do problema de programação linear:

$$\min_{\mathbf{v}(k)} \varepsilon$$
$$\text{s.a.} \quad \phi(\Omega, z(k)) + Gv(k) \leq \varepsilon\rho - \delta$$

2. Uma lei de injeção de saída explícita, variante no tempo e afim por partes, na forma:

$$\mathbf{v}(z(k), k) = L^j z(k) + \lambda^k w^j$$

onde $L^j \in \mathbb{R}^n$ and $w^j \in \mathbb{R}^n$ são constantes para $z^j \leq z(k) \leq z^{j+1}$, com $z^j \in \mathcal{Z}(\Omega)$.

Comentário 2: Para um dado conjunto invariante condicionado Ω, devido a presença de distúrbio e ruído de medição, apenas $\mathbf{e}(k) \in \Omega$ é assegurado $\forall k$. Entretanto, é possível fazer o erro convergir para um conjunto menor $\beta^{-1}\Omega$, $\beta \geq 1$, pelo ajuste adequado na lei de controle explícita . Detalhes adicionais podem ser encontrados em (59).

3.2.3   O observador proposto

Os resultados desta subseção podem ser vistos em (61). Seja o observador descritor de ordem completa para o sistema 3.1 na forma:

$$E\hat{\mathbf{x}}(k+1) = A\hat{\mathbf{x}}(k) - E\mathbf{v}(z(k)) - P\mathbf{v}(z(k-1)) \tag{3.8}$$
$$\hat{y}(k) = C\hat{x}(k),$$

em que $\mathbf{v}(z)$ é uma lei de injeção de saída adequada, com $z = y - \hat{y}$, e:

$$P = \begin{bmatrix} 0 & A_{12} \\ 0 & A_{22} \end{bmatrix}.$$

Como já afirmado, apenas sistemas causais serão considerados. Uma condição necessária e suficiente para tal é que $det(A_{22}) \neq 0$. A equação do erro é então dada por:

$$E\mathbf{e}(k+1) = A\mathbf{e}(k) + B_1\mathbf{d}(k) + E\mathbf{v}(z(k)) + P\mathbf{v}(z(k-1)) \tag{3.9}$$
$$z(k) = C\mathbf{e}(k) + \eta(k).$$

O erro de observação e a injeção de saída podem ser particionados como:

$$\mathbf{e}(k) = \begin{bmatrix} \mathbf{e}_1(k) \\ \mathbf{e}_2(k) \end{bmatrix}, \quad \mathbf{v}(k) = \begin{bmatrix} \mathbf{v}_1(z(k)) \\ \mathbf{v}_2(z(k)) \end{bmatrix}.$$

Desta forma, pode-se notar que:

$$\mathbf{e}_1(k+1) = A_{11}\mathbf{e}_1(k) + A_{12}\mathbf{e}_2(k) + B_{11}\mathbf{d}(k) + \mathbf{v}_1(z(k)) + A_{12}\mathbf{v}_2(z(k-1))$$
$$0 = A_{21}\mathbf{e}_1(k) + A_{22}\mathbf{e}_2(k) + B_{12}\mathbf{d}(k) + A_{22}\mathbf{v}_2(z(k-1)).$$

Pela substituição de $\mathbf{e}_2(k)$ obtido a partir da equação algébrica, e então avançando o mesmo um passo, obtém-se a seguinte equação:

$$\begin{bmatrix} \mathbf{e}_1(k+1) \\ \mathbf{e}_2(k+1) \end{bmatrix} = \begin{bmatrix} A_{11} - A_{12}A_{22}^{-1}A_{21} & 0 \\ -A_{22}^{-1}A_{21}\left(A_{11} - A_{12}A_{22}^{-1}A_{21}\right) & 0 \end{bmatrix} \begin{bmatrix} \mathbf{e}_1(k) \\ \mathbf{e}_2(k) \end{bmatrix} + $$
$$\begin{bmatrix} B_{11} - A_{12}A_{22}^{-1}B_{12} & 0 \\ -A_{22}^{-1}A_{21}\left(B_{12} - A_{12}A_{22}^{-1}A_{21}\right) & -A_{22}^{-1}B_{12} \end{bmatrix} \begin{bmatrix} \mathbf{d}(k) \\ \mathbf{d}(k+1) \end{bmatrix} + $$
$$\begin{bmatrix} I & 0 \\ -A_{22}^{-1}A_{21} & I \end{bmatrix} \begin{bmatrix} \mathbf{v}_1(z(k)) \\ \mathbf{v}_2(z(k)) \end{bmatrix}.$$

43

Considera-se agora a matriz inversível $Q = \begin{bmatrix} I & 0 \\ -A_{22}^{-1}A_{21} & I \end{bmatrix}$, definindo-se:

$$\varphi(z(k)) = Qv(z(k)),$$

a equação do erro pode ser posta em uma forma compacta padrão no espaço de estados:

$$e(k+1) = \tilde{A}e(k) + \tilde{B}_1 \begin{bmatrix} d(k) \\ d(k+1) \end{bmatrix} + \varphi(z(k)), \qquad (3.10)$$

em que:

$$\tilde{A} = \begin{bmatrix} A_{11} - A_{12}A_{22}^{-1}A_{21} & 0 \\ -A_{22}^{-1}A_{21}(A_{11} - A_{12}A_{22}^{-1}A_{21}) & 0 \end{bmatrix},$$

$$\tilde{B}_1 = \begin{bmatrix} B_{11} - A_{12}A_{22}^{-1}B_{12} & 0 \\ -A_{22}^{-1}A_{21}(B_{11} - A_{12}A_{22}^{-1}) & -A_{22}^{-1}B_{12} \end{bmatrix}.$$

Toda a construção anterior poder ser revertida, visto que cada um dos passos dados admite um caminho inverso.

Tendo sido então obtida a forma padrão para o observador proposto, nota-se que a Eq. 3.10 é absolutamente similar à Eq. 3.5; desta forma, todos os conceitos apresentados na seção anterior podem ser aplicados em relação à Eq. 3.10 para caracterização de invariância condicionada, notando-se que o distúrbio passa a ser dado pelo novo vetor $\bar{d} = \begin{bmatrix} d_i \\ d_{i+1} \end{bmatrix} \in \mathcal{D} \times \mathcal{D}$, conjunto compacto que no caso poliédrico é dado por $\begin{bmatrix} V & 0 \\ 0 & V \end{bmatrix}\bar{d} \le \begin{bmatrix} \mu \\ \mu \end{bmatrix}$.

Um caso especial que merece destaque é aquele em que a lei de injeção de saída obtida resulta em um ganho estático L. Tal lei, para o observador descritor, quando substituída em 3.9 e levada ao domínio da frequência, fornece um estrutura em malha fechada caracterizada pelo feixe não-linear:

$$\Gamma(z) = zE - (A + EQ^{-1}LC) - z^{-1}PQ^{-1}LC.$$

As raízes z deste feixe, que podem ser facilmente determinadas pelo feixe quadrático auxiliar $z^2E - z(A + EQ^{-1}LC) - PQ^{-1}LC$ caracterizam a dinâmica em malha fechada do observador no caso linear. Tal feixe quadrático possui $2n - \rho(E)$ autovalores finitos (62).

44

3.3 Erro inicial admissível

Um aspecto importante que diz respeito ao observador com limitação de erro é a sua inicialização. O estado inicial do sistema é desconhecido, mas uma hipótese razoável é que o mesmo pertença a uma dada região, caracterizada nesta seção. Seja o estado inicial estimado $\hat{x}(0) = 0$, e o estado inicial verdadeiro pertencente a uma região que contém a origem. Pode ser facilmente demonstrado pela decomposição rápida-lenta que o subestado x_1 não é afetado por saltos $k = 0$ (13),(25). O subestado x_2 deve ser consistente com a equação algébrica:

$$0 = A_{21}x_1(0) + A_{22}x_2(0^+) + B_{12}d(0).$$

Desta forma, um salto finito pode ocorrer se o subestado inicial $x_2(0)$ não é consistente com a equação algébrica. Seja o subestado inicial antes do salto dado por $x_2(0^-)$ e após o salto $x_2(0^+)$. Dada a natureza desconhecida, porém limitada do distúrbio d uma caracterização do conjunto que contém o estado inicial após a ocorrência do salto é necessária. Seja o seguinte poliedro compacto que caracteriza o estado inicial antes do salto:

$$\Upsilon = \left\{ \begin{bmatrix} x_1(0) \\ x_2(0^-) \end{bmatrix} : \begin{bmatrix} G_1 & G_2 \end{bmatrix} \begin{bmatrix} x_1(0) \\ x_2(0^-) \end{bmatrix} \le \rho \right\}. \tag{3.11}$$

Conforme já pontuado no Capítulo 2, é possível calcular uma matriz de projeção não-negativa T_1 utilizando o método visto em (31), de forma a eliminar G_2, i.e., $T_1G_2 = 0$. Isto implica na condição $T_1G_1x_1(0) \le T_1\rho$, que representa a projeção de Υ sobre o espaço definido por x_1. Agora, agregando esta condição à equação algébrica e ao poliedro do distúrbio obtém-se o conjunto a seguir:

$$\Lambda = \left\{ \begin{bmatrix} x_1(0) \\ x_2(0^+) \end{bmatrix} : \exists d(0) : \begin{bmatrix} A_{21} & A_{22} & B_{12} \\ -A_{21} & -A_{22} & -B_{12} \\ T_1G_1 & 0 & 0 \\ 0 & 0 & V \end{bmatrix} \begin{bmatrix} x_1(0) \\ x_2(0^+) \\ d(0) \end{bmatrix} \le \begin{bmatrix} 0 \\ 0 \\ T_1\rho \\ \mu \end{bmatrix} \right\}.$$

Novamente, eliminando o distúrbio d por meio de uma matriz de projeção positiva T_2, obtém-se o poliedro final para o estado após a ocorrência do salto:

$$\bar{\Lambda} = \left\{ \begin{bmatrix} x_1(0) \\ x_2(0^+) \end{bmatrix} : T_2 \begin{bmatrix} A_{21} & A_{22} \\ -A_{21} & -A_{22} \\ T_1G_1 & 0 \end{bmatrix} \begin{bmatrix} x_1(0) \\ x_2(0^+) \end{bmatrix} \le T_2 \begin{bmatrix} 0 \\ 0 \\ T_1\rho \\ \mu \end{bmatrix} \right\}$$

Lembrando que o observador é inicializado com zeros, o erro inicial pertence a este poliedro. Assim, com o propósito de limitar o erro de observação, um conjunto invariante condicionado tão pequeno quanto possível que contém este conjunto deve ser calculado.

3.4 Exemplos numéricos

Esta seção apresenta dois exemplos de forma a ilustrar os conceitos discutidos nas seções anteriores.

Primeiro, seja o sistema descritor com as seguintes matrizes:

$$E = \begin{bmatrix} 1 & 0 \\ 0 & 0 \end{bmatrix}, A = \begin{bmatrix} -1,1153 & 0,0399 \\ -0,5500 & -2,4828 \end{bmatrix},$$

$$B_1 = \begin{bmatrix} -1,1465 \\ 1,1909 \end{bmatrix}, C^T = \begin{bmatrix} 1,1892 \\ -0,0376 \end{bmatrix}.$$

Além disto, são dados um distúrbio aleatório e limitado como $|d| \leq 0,2$ e um ruído de medição tal que $|\eta| \leq 0,2$. Considerando-se antes do salto o seguinte poliedro inicial simétrico $|Qe| \leq \rho$, com $Q = I_2$, $\rho = \begin{bmatrix} 0,2 & 0,2 \end{bmatrix}^T$, o procedimento da seção 3 leva ao seguinte poliedro inicial após o salto:

$$G_f e \leq \rho_f, \text{com } G_f = \begin{bmatrix} 0,2510 & 1,1332 \\ -0,2510 & -1,1332 \\ 1 & 0 \\ -1 & 0 \end{bmatrix}, \rho_f = \begin{bmatrix} 0,1087 \\ 0,1087 \\ 0,2 \\ 0,2 \end{bmatrix}$$

Tal poliedro não é invariante, assim o menor invariante possível que o contém foi calculado com base no algoritmo da seção anterior, para uma taxa de contração $\lambda = 0,9$. Além disso, uma lei de injeção de saída linear pode ser calculado neste exemplo, cujo ganho é $L = \begin{bmatrix} 0,9449 \\ -0,2093 \end{bmatrix}$.

Na Fig. 3.1 são ilustrados os poliedros deste exemplo e a trajetória do erro para um erro inicial contido no poliedro após o salto. Alguns comentários interessantes sobre o exemplo são os seguintes. A análise da estrutura do observador em malha fechada tanto na forma padrão como na forma de sistema descritor conduz à mesma conclusão; pode-se notar que os autovalores da matriz de malha fechada $\tilde{A} + LC$ são alocados em um duplo autovalor $\lambda_c = 0$, então a dinâmica do erro é do tipo *deadbeat*, o que torna o observador o mais rápido possível na ausência de distúrbios e ruído de medição. De outro maneira, se a analise em malha fechada é conduzida para o sistema no formato descritor, é possível confirmar então que o feixe de malha fechada $zE - (A + EQ^{-1}LC) - z^{-1}PQ^{-1}LC$ apresenta uma solução dupla $z = 0$, o que é totalmente consistente com a análise feita na forma padrão.

Como um segundo exemplo, seja o sistema dado em (25),(29), adaptado para $u(k) = 0$. Uma saída é acrescentada e as matrizes do sistema são:

46

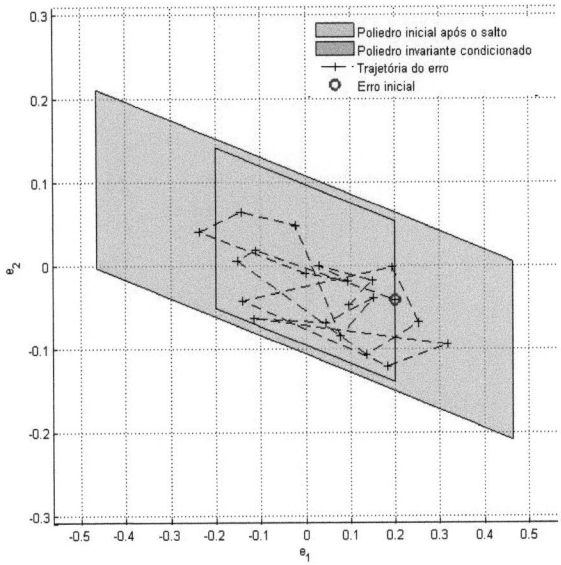

Figura 3.1: Poliedros do exemplo 1, junto com uma trajetória de erro.

$$
E = \begin{bmatrix} 1 & 0 & 0 \\ 0 & 1 & 0 \\ 0 & 0 & 0 \end{bmatrix}, A = \begin{bmatrix} 1,2 & 0 & 0 \\ -1 & -0,7 & -1 \\ 2 & -0,5 & -1,2 \end{bmatrix},
$$

$$
B_1 = \begin{bmatrix} 0 \\ 1 \\ 1 \end{bmatrix}, C^T = \begin{bmatrix} 1 \\ -1 \\ 1 \end{bmatrix}.
$$

Severas perturbações e ruídos de saída são aplicados, com $|d| \leq 0,5$ and $|\eta| \leq 0,5$. Como no exemplo anterior, um poliedro inicial simétrico antes do salto é considerado, com $Q = I_3$, $\rho = \begin{bmatrix} 0,5 & 0,5 & 0,5 \end{bmatrix}^T$. O poliedro obtido para após o salto é dado por:

$$
G_f \mathbf{e} \leq \rho_f, \; G_f = \begin{bmatrix} 1 & -0,25 & -0,6 \\ -1 & 0,25 & 0,6 \\ 1 & 0 & 0 \\ 0 & 1 & 0 \\ -1 & 0 & 0 \\ 0 & -1 & 0 \end{bmatrix}; \; \rho_f = \begin{bmatrix} 0,25 \\ 0,25 \\ 0,5 \\ 0,5 \\ 0,5 \\ 0,5 \end{bmatrix}.
$$

Considerando uma taxa de contração $\lambda = 0,9$, o poliedro invariante é mostrado na Fig. 3.2, juntamente com o poliedro inicial, que não é invariante. Um lei de injeção de saída afim por partes, variante no tempo foi obtida neste caso, dada por:

47

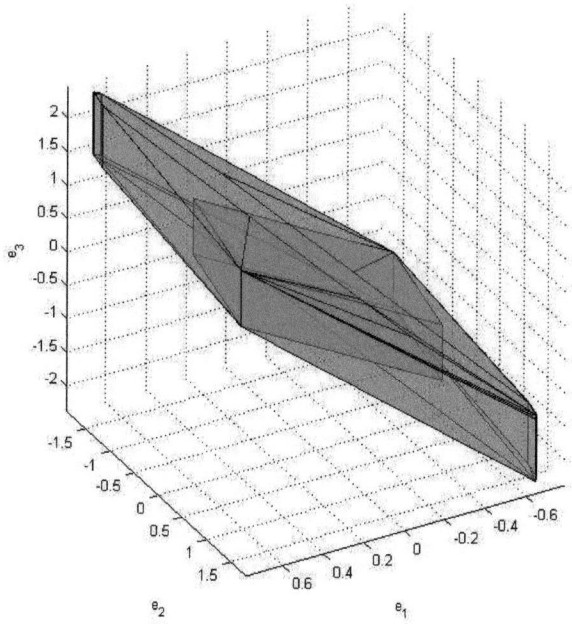

Figura 3.2: Poliedros do exemplo 2.

$$
\mathbf{v}(z(k), k) = \begin{cases} \begin{bmatrix} -0,0640 \\ 0,0376 \\ -0,1240 \end{bmatrix} z(k) + (0,9)^k \begin{bmatrix} -0,0022 \\ -0,0070 \\ 0,0014 \end{bmatrix}, & 0 \le |y| < 2,6580 \\[6mm] \begin{bmatrix} -0,1764 \\ 0,2713 \\ -0,4071 \end{bmatrix} z(k) + (0,9)^k \begin{bmatrix} -0,2073 \\ 0,5363 \\ -0,5565 \end{bmatrix}, & 2,6508 \le |y| \le 5,3160. \end{cases}
$$

Na Fig. 3.3, são mostrados o poliedro invariante e uma trajetória de erro iniciada no poliedro admissível, e é possível ver que o erro não escapa do interior do mesmo.

3.5 Projeto de observador na plataforma experimental de nível

Seja o sistema descritor para o modelo da plataforma de nível, considerando $u(k) = 0$:

$$
\begin{bmatrix} 1 & 0 & 0 \\ 0 & 1 & 0 \\ 0 & 0 & 0 \end{bmatrix} \begin{bmatrix} q_1(k+1) \\ q_2(k+1) \\ q_3(k+1) \end{bmatrix} = \begin{bmatrix} 0,9692 & 0 & 0 \\ 0,0095 & 9867 & 0 \\ 1 & 2,3328 & 1 \end{bmatrix} \begin{bmatrix} q_1(k) \\ q_2(k) \\ q_3(k) \end{bmatrix}. \tag{3.12}
$$

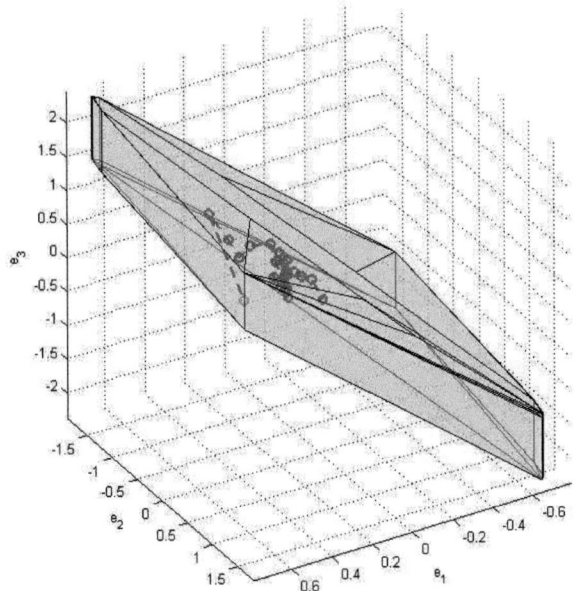

Figura 3.3: Poliedro invariante do exemplo 2 junto com uma trajetória do erro.

Considere a equação de saída como $y(k) = \begin{bmatrix} 0 & 1 & 0 \end{bmatrix} \begin{bmatrix} q_1(k) \\ q_2(k) \\ q_3(k) \end{bmatrix} + \eta(k),\ |\eta(k)| \le 0,2.$

Um intervalo de confiança para o erro inicial dado por $|e_1| \le 3;\ |e_1| \le 3$ e $|e_3| \le 9.9984$ foi utilizado para determinação de um (tão pequeno quanto possível) poliedro invariante condicionado, com taxa de contração $\lambda = 0,91$. O conjunto de erros inicias admissíveis não é modificado, dada a ausência de distúrbios nas equações de estado. Uma lei de injeção de saída linear foi obtida para o poliedro invariante, dada pelo ganho $L = \begin{bmatrix} -5,8857 \\ -0,9895 \\ 8,194 \end{bmatrix}$.

Na Fig. 3.4 são mostrados os poliedros inicial e invariante condicionado, juntamente com uma trajetória do erro de estimação iniciado em $e(0) = \begin{bmatrix} 3 \\ 3 \\ -9,9984 \end{bmatrix}$, sendo que a terceira entrada deste vetor foi calculada com o uso da equação algébrica. A linha vermelha é a resposta do observador para uma lei *online*, enquanto a preta é para a lei linear. É possível notar que, em ambos os casos, a trajetória do erro não abandona o poliedro invariante condicionado. Além disso, pode-se notar que para a lei *online*, não há o pico no segundo passo que é notado no caso da lei linear; isto é devido a característica da lei *online*, de minimizar a contração a cada passo. Na Fig. 3.5 é mostrada a convergência do erro no domínio do tempo.

É importante comentar que o tempo médio referente ao esforço computacional para o

49

cálculo da lei *online* é de cerca de 10 ms, ou seja, menos de 1% do período de amostragem (3s). Também, cada linha do vetor $\phi(\Omega, z)$ é calculada em cerca de $70\mu s$, enquanto o calculo de $\varphi(z)$ demanda aproximadamente $140\mu s$. A conclusão é que, mesmo para um poliedro razoavelmente complexo como o obtido (22 faces), a lei *online* é perfeitamente factível para sistemas de dinâmica lenta como o do exemplo.

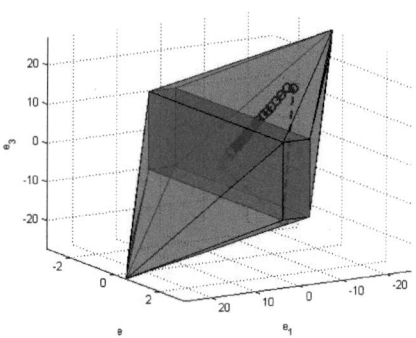

Figura 3.4: Poliedro do estudo de caso e trajetória do erro com ganho linear (preto) e injeção *on line* (vermelho).

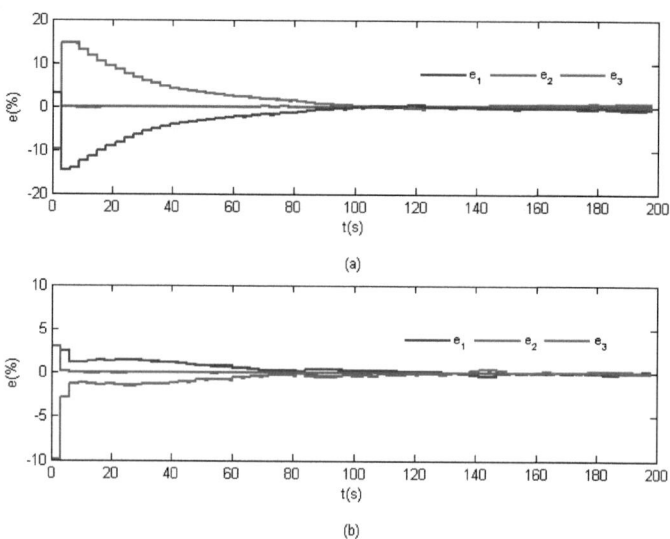

Figura 3.5: Erro de estimação no domínio do tempo (a) ganho linear (b) injeção *online*.

3.6 Comentários conclusivos

Este capítulo apresentou a extensão de resultados de invariância condicionada presentes na literatura para sistemas padrão aos sistemas descritores causais, no contexto da estimação de estados com limitação de erro. Tal extensão foi possível devido a introdução de uma nova estrutura de observador de estado, com uma lei de injeção de saída mista apresentando um termo estático e um atrasado em uma amostra. Esta estrutura permite reescrever a dinâmica do erro numa forma padrão, e assim os resultados de invariância condicionada podem ser estendidos para o projeto de observadores com limitação de erro. Os resultados de uma série de simulações e também de um estudo de caso experimental permitem concluir a viabilidade da técnica proposta, através da validação do nova estrutura de observador.

Capítulo 4

Invariância controlada por realimentação de saída: realimentação dinâmica

4.1 Preliminares

No Capítulo 2, o conceito de invariância controlada por realimentação de saída (I.C.R.S.) foi introduzido e as condições deste tipo de invariância foram discutidas a partir de um sumário dos resultados descritos em (30). A técnica de I.C.R.S. pôde então ser aplicada a sistemas descritores a partir da forma padrão aumentada 2.5. Entretanto, conforme já pontuado, a construção de poliedros I.C.R.S. ainda é um resultado aberto na literatura. Em (30), a construção de um compensador dinâmico de mesma ordem do sistema, cujo estado é uma estimativa do estado original, oferece a possibilidade de construir um poliedro candidato a I.C.R.S. no espaço aumentado sistema + compensador, tendo sido demonstrado neste trabalho que tal poliedro atende uma condição necessária para ser um I.C.R.S.. Esta condição necessária é descrita pelo seguinte teorema:

Teorema 4.1. *(30) Um conjunto não-vazio, fechado $\Omega \subset \mathbb{R}^n$, é I.C.R.S. com relação ao sistema:*

$$x(k+1) = Ax(k) + B_2 u(k) + B_1 d(k)$$
$$y(k) = Cx(k) + \eta(k)$$

somente se for simultaneamente invariante controlado e invariante condicionado em relação a este sistema.

Neste Capítulo, a aplicação de compensadores dinâmicos na construção de poliedros candidatos a I.C.R.S. para sistemas descritores causais será apresentada. A partir dos poliedros invariante controlado (Capítulo 2) e invariante condicionado (Capítulo 3), é possível obter um poliedro com estas características. Será mostrado que, diferente de sistemas na forma padrão, o conhecimento da entrada, que é uma das saídas do sistema aumentado (sem ruído de medição) dispensa a necessidade de se obter um compensador de mesma ordem que o sistema aumentado, sendo bastante um compensador de mesma ordem que o sistema original.

4.2 Construção de um poliedro simultaneamente invariante controlado e condicionado

Conforme descrição anterior, um poliedro simultaneamente invariante controlado e condicionado é um candidato a I.C.R.S., e se for possível construir um poliedro com estas características, as condições necessárias e suficientes descritas na seção 2.3 podem ser aplicadas para verificar I.C.R.S.. Aliando-se a este fato a ausência de um método para o cálculo de um poliedro I.C.R.S. por realimentação estática de saída, será proposto em seguida um compensador dinâmico de mesma ordem do sistema, a partir do qual pode-se obter um poliedro com as características desejadas da condição necessária para I.C.R.S.

Considere-se então o sistema na forma aumentada 2.5, agregado à equação de saída:

$$\tilde{\mathbf{y}}(k) = \begin{bmatrix} C & 0 \\ 0 & I \end{bmatrix} \begin{bmatrix} \mathbf{x}(k) \\ \mathbf{u}(k) \end{bmatrix} + \begin{bmatrix} \eta(k) \\ 0 \end{bmatrix}, \tag{4.1}$$

e o compensador dinâmico:

$$\mathbf{z}_x(k+1) = \mathbf{v}_x(\mathbf{z}_x(k), \tilde{\mathbf{y}}(k)) \tag{4.2}$$

$$\Delta\mathbf{u}(k+1) = \kappa(\mathbf{z}_x(k), \tilde{\mathbf{y}}(k)). \tag{4.3}$$

Incorporando-se o vetor de estado do compensador ao sistema na forma $\xi(k) = \begin{bmatrix} \mathbf{x}(k) \\ \mathbf{u}(k) \\ \mathbf{z}_x(k) \end{bmatrix}$, tem-se a seguinte formulação:

$$\xi(k+1) = \mathfrak{A}\xi(k) + \mathfrak{B}_2\omega(k) + \mathfrak{B}_1\bar{\mathbf{d}}(k) \tag{4.4}$$

$$\zeta(k) = \mathfrak{C}\xi(k) + \Upsilon(k) \tag{4.5}$$

com:

$$\mathfrak{A} = \begin{bmatrix} \tilde{A} & (\tilde{B}_2 + \tilde{B}_3) & 0 \\ 0 & I & 0 \\ 0 & 0 & 0 \end{bmatrix}, \ \mathfrak{B}_1 = \begin{bmatrix} \tilde{B}_1 \\ 0 \\ 0 \end{bmatrix}, \ \mathfrak{B}_2 = \begin{bmatrix} \tilde{B}_3 & 0 \\ I & 0 \\ 0 & I \end{bmatrix}, \ \mathfrak{C} = \begin{bmatrix} C & 0 & 0 \\ 0 & I & 0 \\ 0 & 0 & I \end{bmatrix},$$

$$\zeta(k) = \begin{bmatrix} \tilde{\mathbf{y}} \\ \mathbf{z}_x \end{bmatrix}, \ \omega(k) = \begin{bmatrix} \Delta\mathbf{u}(k+1) \\ \mathbf{v}_x(k) \end{bmatrix}, \Upsilon(k) = \begin{bmatrix} \eta(k) \\ 0 \\ 0 \end{bmatrix}.$$

Tomando-se então um par de poliedros:

$$\Omega_c = \left\{ \begin{bmatrix} \mathbf{x} \\ \mathbf{u} \end{bmatrix} : \ G_c \begin{bmatrix} \mathbf{x} \\ \mathbf{u} \end{bmatrix} \leq \rho_c \right\},$$

invariante controlado em relação ao sistema 2.5-4.1, determinado pelas técnicas descritas no Capítulo 2, e

$$\Omega_o = \left\{ \mathbf{x} : \ G_o \mathbf{x} \leq \rho_o \right\},$$

invariante condicionado em relação ao sistema:

$$\mathbf{x}(k+1) = \tilde{A}\mathbf{x}(k) + \tilde{B}_2\mathbf{u}(k) + \tilde{B}_3\mathbf{u}(k+1) + \tilde{B}_1\bar{\mathbf{d}}(k) \tag{4.6}$$

$$\mathbf{y}(k) = C\mathbf{x}(k) + \eta(k) \tag{4.7}$$

em que $\bar{\mathbf{d}}(k) = \begin{bmatrix} \mathbf{d}(k) \\ \mathbf{d}(k+1) \end{bmatrix}$, o que significa:

$$\forall\mathbf{x}(k): \ G_o\mathbf{x}(k) \leq \rho_o, \ \exists\mathbf{v}(\mathbf{y}): \ G_o\left\{ \tilde{A}\mathbf{x}(k) + v + \tilde{B}_1\bar{\mathbf{d}}(k) \right\} \leq \rho_o, \forall\bar{\mathbf{d}}(k) : \ \mathcal{V}\bar{\mathbf{d}}(k) \leq \bar{\mu}, \text{ e}$$
$$C\mathbf{x}(k) = \mathbf{y} - \eta, \ |\eta| \leq \bar{\eta}.$$

o qual pode ser construído a partir das técnicas descritas no Capítulo 3; tendo por hipótese a propriedade $\Omega_o \subset \Omega_{c \cap x}$, onde o subscrito $\cap \, x$ denota a intersecção do poliedro com o espaço de estados, a seguinte proposição é estabelecida:

Proposição 4.2. *O poliedro:*

$$\Phi = \left\{ \xi : \ \begin{bmatrix} G_c & 0 \\ [G_o \ 0] & -G_o \end{bmatrix} \xi \leq \begin{bmatrix} \rho_c \\ \rho_o \end{bmatrix} \right\}$$

é simultaneamente invariante controlado e invariante condicionado com relação ao sistema (4.4, 4.5).

Demonstração. Primeiramente, será provado que Φ é invariante controlado. Ou seja,

$$\exists\omega : \ \begin{bmatrix} G_c & 0 \\ [G_o \ 0] & -G_o \end{bmatrix} \xi(k+1) \leq \begin{bmatrix} \rho_c \\ \rho_o \end{bmatrix}, \ \forall\xi(k) : \ \begin{bmatrix} G_c & 0 \\ [G_o \ 0] & -G_o \end{bmatrix} \xi(k) \leq \begin{bmatrix} \rho_c \\ \rho_o \end{bmatrix},$$
$$\forall\bar{\mathbf{d}}(k) : \ \mathcal{V}\bar{\mathbf{d}}(k) \leq \bar{\mu}$$

54

Sendo Ω_c invariante controlado, então

$$\exists \Delta u(k+1) : \ G_c \begin{bmatrix} \mathbf{x}(k+1) \\ \mathbf{u}(k+1) \end{bmatrix} \leq \lambda_c \rho_c,$$

$$\forall \begin{bmatrix} \mathbf{x}(k) \\ \mathbf{u}(k) \end{bmatrix} : \ G_c \begin{bmatrix} \mathbf{x}(k) \\ \mathbf{u}(k) \end{bmatrix} \leq \rho_c, \quad \forall \bar{\mathbf{d}}(k) : \ \mathcal{V}\bar{\mathbf{d}}(k) \leq \bar{\mu}.$$

Na mesma linha, Ω_o sendo invariante condicionado, então:

$$\exists \mathbf{v} : \ \forall \mathbf{x}(k), \mathbf{z}_x(k) : \ G_o(\mathbf{x}(k) - \mathbf{z}_x(k)) \leq \rho_o, \ Go\left\{ \tilde{A}(\mathbf{x}(k) - \mathbf{z}_x(k)) + \mathbf{v}(k) + \tilde{B}_1\bar{\mathbf{d}}(k) \right\} \leq \rho_o.$$

Assim, fazendo-se: $\omega = \begin{bmatrix} \Delta \mathbf{u}(k+1) \\ \tilde{A}\mathbf{z}_x(k) + (\tilde{B}_2 + \tilde{B}_3)\mathbf{u}(k) - \mathbf{v}(k) \end{bmatrix}$

tem-se

$$\begin{bmatrix} G_c & 0 \\ [Gs \ 0] & -Gs \end{bmatrix} \xi(k+1) =$$

$$\begin{bmatrix} G_c\left\{ \begin{bmatrix} \tilde{A} & \tilde{B}_2 + \tilde{B}_3 \\ 0 & I \end{bmatrix} \begin{bmatrix} \mathbf{x}(k) \\ \mathbf{u}(k) \end{bmatrix} + \begin{bmatrix} \tilde{B}_3 \\ I \end{bmatrix} \Delta\mathbf{u}(k+1) + \begin{bmatrix} \tilde{B}_1 \\ 0 \end{bmatrix} \bar{\mathbf{d}}(k) \right\} \\ G_o\left\{ \tilde{A}(\mathbf{x}(k) - \mathbf{z}_x(k)) + \mathbf{v}(k) + \tilde{B}_1\bar{\mathbf{d}}(k) \right\} \end{bmatrix} \leq \begin{bmatrix} \rho_c \\ \rho_o \end{bmatrix},$$

Isto mostra que Φ é invariante controlado. Resta provar que o poliedro é invariante condicionado. Deve-se verificar se

$$\exists \bar{\nu}(\zeta) : \ \forall \xi(k) : \ \begin{bmatrix} G_c & 0 \\ [Gs \ 0] & -Gs \end{bmatrix} \xi(k) \leq \begin{bmatrix} \rho_c \\ \rho_o \end{bmatrix} \ e$$

$$\zeta(k) = \mathfrak{C}\xi(k) + \Upsilon(k), \quad \begin{bmatrix} G_c & 0 \\ [Gs \ 0] & -Gs \end{bmatrix} [\mathfrak{A}\xi(k) + \bar{\nu} + \mathfrak{B}_1\bar{\mathbf{d}}(k)] \leq \begin{bmatrix} \rho_c \\ \rho_o \end{bmatrix}$$

Então, fazendo $\bar{\nu} = \begin{bmatrix} -\tilde{A}\mathbf{z}_x(k) - (\tilde{B}_2 + \tilde{B}_3)\mathbf{u}(k) + \mathbf{v}(k) \\ -\mathbf{u}(k) \\ 0 \end{bmatrix}$, obtém-se:

$$\begin{bmatrix} G_c & 0 \\ [Gs \ 0] & -Gs \end{bmatrix} \xi(k+1) = \begin{bmatrix} G_c \begin{bmatrix} \tilde{A}(\mathbf{x}(k) - \mathbf{z}_x(k)) + \mathbf{v}(k) + \tilde{B}_1\bar{\mathbf{d}}(k) \\ 0 \end{bmatrix} \\ G_o\left\{ \tilde{A}(\mathbf{x}(k) - \mathbf{z}_x(k)) + \mathbf{v}(k) + \tilde{B}_1\bar{\mathbf{d}}(k) \right\} \end{bmatrix} \quad (4.8)$$

Considere a partição do poliedro invariante controlado, de forma que $G_c = \begin{bmatrix} G_x & G_u \end{bmatrix}$. O poliedro da intersecção entre o espaço de estados e o poliedro invariante então é dado por:

$$\Omega_{c \cap x} = \{ \mathbf{x} : \ G_x \mathbf{x} \leq \rho \}$$

Além disso, por hipótese, $\Omega_o \subset \Omega_{c \cap x}$. Logo, assegura-se que:

$$G_x \left\{ \tilde{A}(\mathbf{x}(k) - \mathbf{z}_x(k)) + \mathbf{v}(k) + \tilde{B}_1 \bar{\mathbf{d}}(k) \right\} \leq \rho_c.$$

Simplificando-se e equação 4.8, finalmente chega-se a:

$$\begin{bmatrix} G_c \begin{bmatrix} \tilde{A}(\mathbf{x}(k) - \mathbf{z}_x(k)) + \mathbf{v}(k) + \tilde{B}_1 \bar{\mathbf{d}}(k) \\ 0 \end{bmatrix} \\ G_o \left\{ \tilde{A}(\mathbf{x}(k) - \mathbf{z}_x(k)) + \mathbf{v}(k) + \tilde{B}_1 \bar{\mathbf{d}}(k) \right\} \end{bmatrix} =$$

$$\begin{bmatrix} G_x \left\{ \tilde{A}(\mathbf{x}(k) - \mathbf{z}_x(k)) + \mathbf{v}(k) + \tilde{B}_1 \bar{\mathbf{d}}(k) \right\} \\ G_o \left\{ \tilde{A}(\mathbf{x}(k) - \mathbf{z}_x(k)) + \mathbf{v}(k) + \tilde{B}_1 \bar{\mathbf{d}}(k) \right\} \end{bmatrix} \leq \begin{bmatrix} \rho_c \\ \rho_o \end{bmatrix}$$

o que prova que Φ também é invariante condicionado. ∎

Observação 4.3. *Fica claro, na demonstração desta proposição, que o estado do compensador $\mathbf{z}_x$ é uma estimativa do estado do sistema, tendo em vista que o poliedro invariante condicionado utilizado na construção do poliedro candidato a I.C.R.S. é calculado com base na técnica descrita no Capítulo 3.*

4.3 Exemplo numérico

Para investigar a aplicação dos resultados acima, seja o sistema descritor causal cujas matrizes são:

$$E = \begin{bmatrix} 1 & 0 \\ 0 & 0 \end{bmatrix}, \ A = \begin{bmatrix} 1,0668 & -0,0956 \\ 0,0593 & -0,8323 \end{bmatrix}, \ B_1 = \begin{bmatrix} 0,5000 \\ 0,2000 \end{bmatrix}, \ B_2 =$$

$$\begin{bmatrix} -1,1465 \\ 1,1909 \end{bmatrix}, \ C = \begin{bmatrix} 1 & 1 \end{bmatrix}$$

O distúrbio e o ruído de medição são limitados, respectivamente, como $|d(k)| \leq 0,1$ e $|\eta(k)| \leq 0,1$. As restrições no estado e no controle são $|x_1| \leq 1$, $|x_2| \leq 1$ e $|u| \leq 1$. Um poliedro invariante controlado com taxa de contração $\lambda_c = 0,98$ foi calculado utilizando a técnica de (29), e as condições de I.C.R.S. (30) foram testadas considerando a saída medida, tendo o poliedro falhado em atender a condição necessária e suficiente para ser I.C.R.S. por realimentação estática de saída.

Considerando um compensador dinâmico e o sistema aumentado proposto neste Capítulo, um poliedro candidato à I.C.R.S. em relação a forma aumentada sistema + compensador foi construído. Para tal, um poliedro invariante condicionado, calculado por meio do método descrito no Capítulo 3 foi obtido com taxa de contração de $\lambda_o = 0,8$, a partir de um poliedro do erro inicial admissível construído do poliedro base $|\mathbf{x} - \mathbf{z}_x| \leq [0.1 \quad 0.1]^T$. O teste de I.C.R.S. foi aplicado, verificando-se uma taxa de contração de $0,98$, o que mostra a factibilidade da técnica. Na figura 4.1 é visto o poliedro invariante controlado, e uma trajetória do estado aumentado do sistema, que fica confinada no interior do poliedro. Vale lembrar que o sistema em malha aberta é instável. Além disso, como um resultado que pode ser considerado uma consequência importante, é visto na figura 4.2 o poliedro invariante condicionado utilizado para a construção do poliedro I.C.R.S., junto com o poliedro do erro inicial admissível e uma trajetória de $\mathbf{x}(k) - \mathbf{z}_x(k)$. Observa-se que a trajetória fica confinada ao poliedro invariante condicionado, confirmando o que é demonstrado pela proposição 4.2, ou seja, o estado $\mathbf{z}_x(k)$ do compensador é uma estimativa do estado do sistema.

A fim de verificar a influência do poliedro invariante condicionado no resultado em malha fechada, a simulação também foi realizada considerando este poliedro com taxa de contração $\lambda_o = 0,9$; foi possível verificar que a contração mínima imposta pela lei de controle *online* foi no mínimo igual a taxa de contração do poliedro invariante condicionado, o que torna claro que o controle acelera a convergência para poliedros invariantes condicionados mais fortemente contrativos.

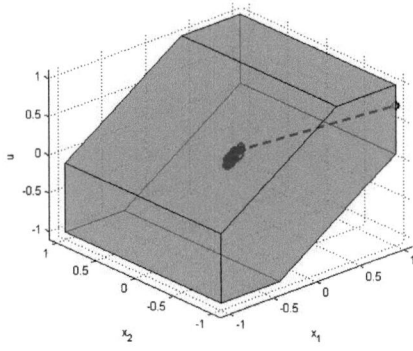

Figura 4.1: Poliedro invariante do exemplo com trajetória do estado aumentado.

4.4 Resultados de simulação em sistema de nível

Nesta seção, são apresentados resultados para a planta de nível também utilizada nos Capítulos 2 e 3. Em particular, no Capítulo 2, resultados de realimentação estática de saída foram obtidos a partir de um poliedro I.C.R.S., ao passo que no Capítulo 3, o projeto de observadores com erro limitado a partir de poliedros invariantes condicionados

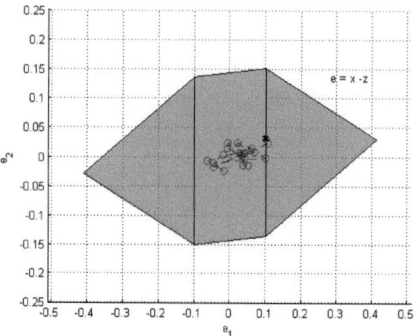

Figura 4.2: Trajetória do erro $\mathbf{x} - \mathbf{z}_x$.

foi considerado. Seja o modelo de tempo discreto na forma aumentada obtido no Capítulo 2, com a adição de uma perturbação na equação algébrica:

$$
\begin{bmatrix} q_1(k+1) \\ q_2(k+2) \\ q_3(k+3) \\ u(k+1) \end{bmatrix} = \begin{bmatrix} 0,9692 & 0 & 0 & 0,0560 \\ 0,0095 & 0,9876 & 0 & 0,0003 \\ -0,9915 & 2,3038 & 0 & -0,0566 \\ 0 & 0 & 0 & 1 \end{bmatrix} \begin{bmatrix} q_1(k) \\ q_2(k) \\ q_3(k) \\ u(k) \end{bmatrix} + \begin{bmatrix} 0 \\ 0 \\ 0 \\ 1 \end{bmatrix} \Delta u(k+1) +
$$

$$
\begin{bmatrix} 0 & 0 \\ 0 & 0 \\ 0 & -1 \\ 0 & 0 \end{bmatrix} \begin{bmatrix} d(k) \\ d(k+1) \end{bmatrix}
$$

$$
\tilde{y}(k) = \begin{bmatrix} 0 & 1 & 0 & 0 \\ 0 & 0 & 0 & 1 \end{bmatrix} \begin{bmatrix} q_1(k) \\ q_2(k) \\ q_3(k) \\ u(k) \end{bmatrix} + \begin{bmatrix} \eta(k) \\ 0 \end{bmatrix}
$$

Considere as mesmas restrições da subseção 2.4.4., e adicionalmente a perturbação limitada na forma $|d(k)| < 1,6$ e o ruído de medição como $|\eta(k)| < 0,1$. O poliedro invariante controlado calculado como na subseção 2.4.4. foi utilizado ($\lambda_c = 0,95$); um poliedro invariante condicionado com taxa de contração $\lambda_o = 0,91$ foi determinado, partindo-se de uma região inicial para o erro admissível calculada de acordo com a metodologia proposta no Capítulo 3 com base em um erro inicial no interior do poliedro dado por:

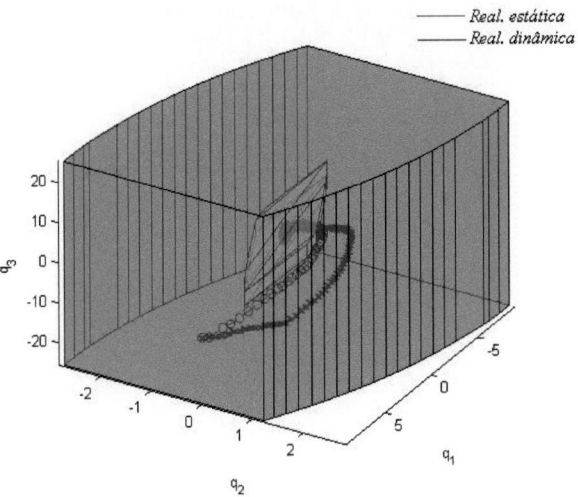

Figura 4.3: Poliedros invariantes do sistema de nível com trajetória do estado para realimentação estática e dinâmica de saída.

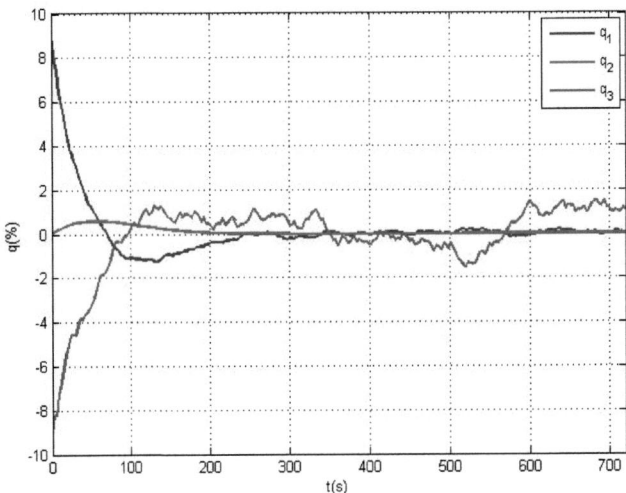

Figura 4.4: Evolução temporal do vetor de estado com realimentação dinâmica.

$$\Omega_e = \{e : |He| \leq \rho_e\}, \ H = I_3, \ \rho_e = \begin{bmatrix} 0,5 \\ 0,5 \\ 1,6664 \end{bmatrix}$$

Verificou-se que poliedro invariante controlado calculado foi I.C.R.S. com taxa de contração $\lambda = 0,9947$, e o poliedro do sistema aumentado também, entretanto com melhor contração: $\lambda = 0,9855$.

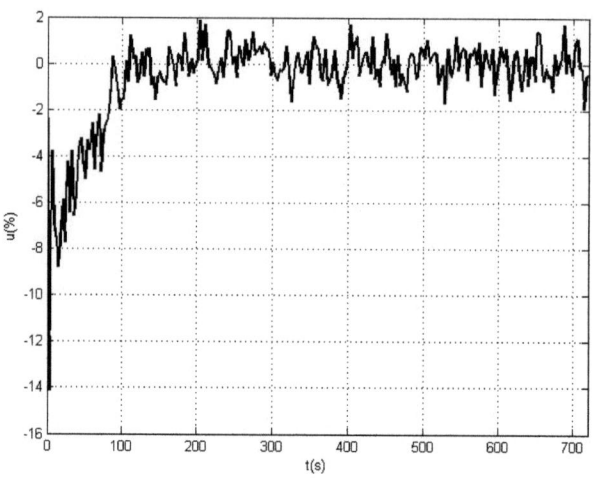

Figura 4.5: Esforço de controle *online* com realimentação dinâmica.

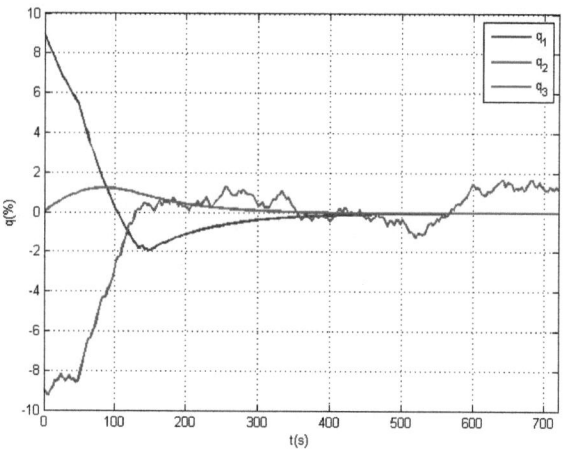

Figura 4.6: Evolução temporal do vetor de estado com realimentação estática.

Foram simulados dois casos, um deles com realimentação dinâmica e o segundo com realimentação estática de saída. Na figura 4.3 são mostrados os poliedros I.C.R.S. e o invariante condicionado, juntamente com as trajetórias para compensação estática e dinâmica. O projeto para o compensador dinâmico desenvolvido pela técnica da seção 4.2 mostra-se efetivo, com a convergência rápida do vetor de estado. A comparação destas convergências pode ser feita a partir das figuras 4.4 e 4.6, onde é evidente o desempenho superior do compensador dinâmico. Os esforços de controle para os casos dinâmico e estático podem ser verificados, respectivamente, nas figuras 4.5 e 4.7.

Novamente, como subproduto da metodologia, tem-se que o estado do compensador é uma estimativa do estado real, e na figura 4.8 observa-se ao trajetória do "erro" $\mathbf{q}(k) - \mathbf{z}(k)$

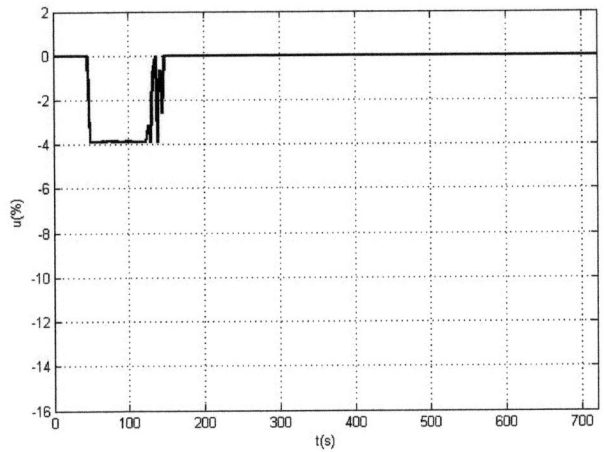

Figura 4.7: Esforço de controle *online* com realimentação estática.

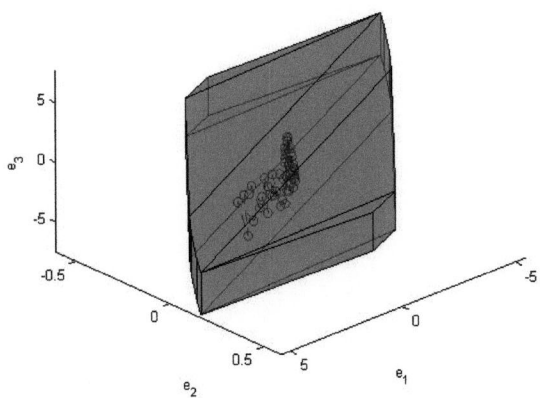

Figura 4.8: Poliedro invariante condicionado e trajetória de $\mathbf{q}(k) - \mathbf{z}(k)$.

confinada no poliedro invariante condicionado.

4.5 Comentários conclusivos

Neste Capítulo, foi apresentada uma metodologia de projeto de compensadores dinâmicos em sistemas descritores por realimentação de saída, utilizando poliedros I.C.R.S. constituídos por um par de poliedros, um invariante controlado e outro invariante condicionado. A partir do sistema aumentado modelo+compensador, uma lei de controle *online* pode ser calculada, a cada passo, minimizando a contração do estado aumentado. Os resultados obtidos demonstram claramente o mérito da técnica proposta, e seu superior desempenho quando comparado à realimentação estática. A técnica desenvolvida aproxima definitivamente os conceitos de invariância controlada e de invariância condicionada, abordados de forma independente nos capítulos 2 e 3.

Capítulo 5

Conclusão e trabalhos futuros

Foram apresentadas no presente documento algumas contribuições para o desenvolvimento da teoria de sistemas descritores sob restrições, por meio da extensão de resultados sobre técnicas de invariância de conjuntos já bastante conhecidas e utilizadas em sistemas lineares na forma padrão. Tais contribuições enlaçam o conceito de poliedros invariantes controlados e invariantes condicionados com aplicações a problemas de controle o observação sob restrições. A causalidade dos sistemas estudados foi uma premissa para em parte do capítulo 2 e nos capítulos 3 e 4, o que permite reescrever as equações do sistema descritor numa forma padrão, introduzida nesta tese. Novas estruturas para o modelo do sistema, que considera o esforço de controle como variável de estado (29), bem como para observadores descritores de ordem completa (61), foram introduzidas. A aplicação destas estruturas para o projeto através de técnicas de invariância foram comprovadas através de exemplos numéricos e de um estudo de caso numa plataforma experimental de nível (60),(63).

Em cada um dos capítulos, comentários conclusivos foram elaborados, cuja síntese apresentamos em seguida.

No Capítulo 2, resultados de invariância controlada de poliedros foram estendidos para sistemas descritores singulares e causais. Tal extensão foi possível a partir da transformação das equações do sistema para uma forma padrão aumentada, na qual o controle é também tratado como variável de estado e o seu incremento um passo a frente passa ao papel de sinal de controle. Também foi feita a caracterização da inicialização do sistema, que apresenta particularidades não presentes nos sistemas padrão. A nova forma aumentada foi então utilizada no projeto de controle sob restrições dadas por poliedros em um exemplo de simulação para realimentação de estados e em um estudo de caso experimental para realimentação de saída. Os resultados confirmaram o mérito da abordagem proposta. Com relação aos sistemas descritores não-regulares/não-causais, o problema de regularização com respeito a restrições foi abordado numa discussão heurística que pode ser vista no capítulo 2. Um estudo com a solução do problema em dois passos: (i) aplicação de realimentação linear de forma a tornar o sistema regular e (ii) determinação do maior poliedro invariante contido nas restrições, foi realizado em exemplos numéricos, onde procurou-se verificar o efeito do ganho linear que torna o sistema regular no maior poliedro invariante controlado. Tomando como base na nova forma padrão aumentada introduzida, foi apresentado um estudo preliminar do problema de regularização de sistemas descritores de tempo discreto, com simultâneo respeito à restrições no estado e no controle. Tal estudo foi feito por meio de simulações numéricas, tomando como parâmetros de observação o ganho regularizante (caso monovariável) ou sua norma (caso multivariável) e seu impacto no maior poliedro invariante controlado, por meio da observação da área ou volume de sua projeção no espaço de estados. Este é um indicador interessante, devido ao fato que o maior poliedro invariante controlado sempre está contido nas restrições, ou seja, projeções com o mesmo volume ou área certamente serão iguais, ao passo que uma diminuição deste indicador significa um poliedro menor. As observações feitas dão indícios de duas importantes possibilidades, porém de difícil prova analítica:

- a projeção do maior poliedro invariante no espaço de estados parece ser invariante com o ganho regularizante para sistemas com controle sem restrições.

- para problemas com restrições, existe uma faixa de ganho regularizante para a qual o maior poliedro invariante controlado tem o (hiper)volume de sua projeção no espaço de estados o maior possível.

Com base nestas observações, seria verossímil concluir que, para um dado problema específico, pode ser possível determinar o ganho regularizante ótimo com respeito ao (hiper)volume da projeção estudada.

O Capítulo 3 apresentou a extensão de resultados de invariância condicionada presentes na literatura para sistemas padrão aos sistemas descritores causais, no contexto da estimação de estados com limitação de erro. Tal extensão foi possível devido a introdução de uma nova estrutura de observador de estado, com uma lei de injeção de saída mista apresentando um termo estático e um atrasado em uma amostra. Esta estrutura permite reescrever a dinâmica do erro numa forma padrão, e assim os resultados de invariância condicionada podem ser estendidos para o projeto de observadores com limitação de erro.

No Capítulo 4, foi apresentada uma metodologia de projeto de compensadores dinâmicos em sistemas descritores por realimentação de saída, utilizando poliedros I.C.R.S. constituídos por um par de poliedros, um invariante controlado e outro invariante condicionado. A partir do sistema aumentado modelo+compensador, uma lei de controle *online* pode ser calculada, a cada passo, minimizando a contração do estado aumentado. Os resultados obtidos demonstram o mérito da técnica proposta, e seu superior desempenho quando comparado à realimentação estática. A técnica desenvolvida aproxima definitivamente os conceitos de invariância controlada e de invariância condicionada, abordados de forma independente nos capítulos 2 e 3.

O desenvolvimento desta tese abre uma seara, para a qual existem as seguintes possibilidades de continuidade dentro do tema abordado:

- Determinação de leis de controle analíticas (*offline*), capazes de garantir o respeito a restrições para o problema i.c.r.s.;

- Métodos sistemáticos para o cálculo de poliedros i.c.r.s. contidos nas restrições;

- Investigação de provas e desenvolvimentos analíticos que melhor explicitem a dependência do poliedro invariante controlado com a escolha da realimentação linear que assegura a regularidade do sistema em malha fechada.

Referências Bibliográficas

1   F. Gantmacher. *The Theory of Matrices.* Chelsea, New York, 1959.

2   D. G. Luenberger and A. Arbel. Singular dynamic leontief systems. *Econometrica,* 45:991–995, 1977.

3   A. Rehm. *Control of Linear Descriptor Systems: A Matrix Inequality Approach.* VDI Verlag, Düsseldorf, Germany, 2004.

4   J. Y. Ishihara, M. H. Terra, and A. F. Bianco. Recursive linear estimation for general discrete-time descriptor systems. *Automatica,* 46:761–766, 2010.

5   L. A. Zadeh and C. A. Desoer. *Linear system theory.* McGraw-Hill, New York, 1963.

6   H. H. Rosenbrock. *State-Space and Multivariable Theory.* Wiley, New York, 1972.

7   W. M. Wonham. *Linear multivariable control: a geometric approach.* Springer-Verlag, New York, 1 edition, 1974.

8   D. G. Luenberger. *Introduction to dynamic systems: theory, models and applications.* John Wiley and Sons, New York, 1 edition, 1979.

9   G. Basile and G. Marro. *Controlled and Conditioned Invariants in Linear System Theory.* Prentice-Hall, New Jersey, 1 edition, 1992.

10   G. C. Verghese, B. C. Levy, and T. Kailath. A generalized state-space for singular systems. *IEEE Transactions on Automatic Control,* 26(4):811–831, 1981.

11   C. E. T. Dórea. Definições e exemplos de sistemas lineares. In L.A. Aguirre, editor, *Enciclopédia de automática,* volume 02, pages 22–39. Blucher, 2007.

12   D. G. Luenberger. Time-invariant descriptor systems. *Automatica,* 15(5):473–480, 1978.

13   L. Dai. *Singular control systems.* Lecture Notes in Control and Information Science. Springer-Verlag, New York, 1989.

14 M. Hou and P. C. Müller. Causal observability of descriptor systems. *IEEE Transactions on Automatic Control*, 44(1):158–163, 1999.

15 F. Lewis. A survey of linear singular systems. *Circuits, systems and signal processing*, 5(1):5–36, 1986.

16 D. Cobb. Controllability, observability,and duality in singular systems. *IEEE Transactions on Automatic Control*, 29(12):1706–1082, 1984.

17 K. Ozcaldiran and F. L. Lewis. A result on the placement of infinite eigenvalues in descriptor systems. In *Proceeding of American Control Conference*, pages 366–371, 1984.

18 T. Yamada and D. G. Luenberger. Generic controllability theorems for descriptor systems. *IEEE Transactions on Automatic Control*, 30(2):144–152, 1985.

19 H. Radjavi and P. Rosenthal. *Invariant Subspaces*. Springer-Verla, New York, 1973.

20 C. E. T. Dórea and J. C. Hennet. (A,B)-invariant polyhedral sets of linear discrete-time systems. *Journal of Optimization Theory and Applications*, 103(3):521–542, 1999.

21 C. E. T. Dórea and J. C. Hennet. (A,B)-invariance conditions of polyhedral domains for continuous-time systems. *European Journal of Control*, 5(1):70–81, 1999.

22 F. Blanchini. Ultimate boundedness control for uncertain discrete-time systems via set-induced lyapunov functions. *IEEE Transactions on Automatic Control*, 39(2):428–433, 1994.

23 F. Blanchini. Set invariance in control. *Automatica*, 35(11):1747–1767, 1999.

24 S. Tarbouriech and E. B. Castelan. Positively invariant-sets for singular discrete-time-systems. *International Journal of Systems Science*, 24(9):1687–1705, 1993.

25 E. B. Castelan and S. Tarbouriech. Simple and weak δ-invariant polyhedral sets for discrete-time singular systems. *Controle e Automação*, 14(4):339–347, 2003.

26 C. Georgiou and N. J. Krikelis. A design approach for constrained regulation in discrete singular systems. *Syst. Control Lett.*, 17:297–304, 1991.

27 S. Tarbouriech and E. B. Castelan. An eigenstructure assignment approach for constrained linear continuous-time systems. *System and Control Letters*, 24:333–343, 1995.

28 Z. Lin and L. Lv. Set invariance conditions for singular linear systems subject to actuator saturation. *IEEE Transactions on Automatic Control*, 52(12):2351–2355, 2007.

29 J.M. Araújo and C. E. T. Dórea. Controlled-invariant polyhedral sets for constrained discrete-time descriptor systems. In P. Pereira L. Camarinha-Matos and L. Ribeiro, editors, *Emerging Trends in Technological Innovation*, volume 1 of *IFIP AICT*, pages 385–392, Lisbon, Protugal, Feb. 2010.

30 C. E. T. Dórea. Output-feedback controlled-invariant polyhedra for constrained linear systems. In *Proceedings of 48th Concefernce in Decision and Control*, pages 5317–5322, 2009.

31 A. Schirijver. *Theory of Linear and Integer Programming*. John Wiley and Sons, Chichester, England, 1997.

32 M. Vassilaki, J. C. Hennet, and G. Bitsoris. Feedback control in linear discrete-time systems under state and control constraints. *International Journal of Control*, 47(6):1727–1735, 1988.

33 M. Vassilaki and G. Bitsoris. Constrained regulation of linear continuous-time dynamical systems. *Systems and Control Letters*, 13:247–252, 1989.

34 J. B. M. Santos, G. A. Junior, H. C. Barroso, and P. R. Barros. A flexible laboratory-scale quadruple-tank coupled system for control education and research purposes. *Computer Aided Chemical Engineering*, 27(C):2151–2156, 2009.

35 G. Bastin. Issues in modelling and control of mass balance systems. In Dirk Aeyels, Françoise Lamnabhi-Lagarrigue, and Arjan van der Schaft, editors, *Stability and Stabilization of Nonlinear Systems*, volume 246 of *Lecture Notes in Control and Information Sciences*, pages 53–74. Springer Berlin / Heidelberg, 1999.

36 T. Yeu, H. Kim, and S. Kawaji. Fault detection, isolation and reconstruction for descriptor systems. *Asian Journal of Control*, 7(4):356–367, 2005.

37 C. T. Chen. *Linear System Theory and Design*. Oxford University Press, Inc., New York, NY, USA, 3rd edition, 1998.

38 K. Ozcaldiran and F.L. Lewis. On the regularizability of singular systems. *IEEE Transactions on Automatic Control*, 35(10):1156–1160, 1990.

39 L. R. Fletcher. Regularizability of descriptor systems. *International Journal of Systems Science*, 17(6):843–847, 1986.

40 D. L. Chu and D. W. C. Ho. Necessary and sufficient conditions for the output feedback regularization of descriptor systems. *IEEE Transactions on Automatic Control*, 44(2):405–412, 1999.

41 A. Bunse-Gerstner, V. Mehrmann, and N. K. Nichols. Regularization of descriptor systems by output feedback. *IEEE Transactions on Automatic Control*, 39(8):1742–1748, 1994.

42 G.R. Duan and X. Zhang. Regularizability of linear descriptor systems via output plus partial state derivative feedback. *Asian Journal of Control*, 5(3):334–340, 2003.

43 D. L. Chu, H. C. Chan, and D. W. C. Ho. Regularization of singular systems by derivative and proportional output feedback. *SIAM Journal on Matrix Analysis and Applications*, 19(1):21–38, 1998.

44 S. Ibrir. Regularization and robust control of uncertain singular discrete-time linear systems. *IMA Journal of Mathematical Control and Information*, 24(1):71–80, 2007.

45 W. J. Mao and J. Chu. Regularisation and stabilisation of linear discrete-time descriptor systems. *IET Control Theory & Applications*, 4(10):2205–2211, 2010.

46 N. P. Karampetakis. On the discretization of singular systems. *IMA Journal of Mathematical Control and Information*, 21(2):223–242, 2004.

47 A. Rachid. A remark on the discretization of singular systems. *Automatica*, 31(2):347–348, 1995.

48 D. G. Luenberger. Observing state of linear system. *IEEE Transactions on Military Electronics*, MIL8(2):74–77, 1964.

49 D. G. Luenberger. Observers for multivariable systems. *IEEE Transactions on Automatic Control*, AC11(2):190–194, 1966.

50 D. Cobb. Feedback and pole placement in descriptor variable systems. *International Journal of Control*, 33(6):1135–1146, 1981.

51 L. Dai. Observers for discrete singular systems. *IEEE Transactions on Automatic Control*, 33(2):187–191, 1984.

52 A. G. Wu and G. R. Duan. Design of pd observers in descriptor linear systems. *International Journal of Control, Automation and Systems*, 5(1):93–98, 2007.

53 G. R. Duan A. G. Wu and Y. M. Fu. Generalized pid observer design for descriptor linear systems. *IEEE Transactions on Systems Man and Cybernetics Part B-Cybernetics*, 37(5):1300–1395, 2009.

54 A. G. Wu G. R. Duan and J. Dong. Design of proportional-integral observers for discrete-time descriptor linear systems. *IET Control Theory and Applications*, 3(1):79–87, 2009.

55 V. G. Da Silva, S. Tarbouriech, E. B. Castelan, and G. Garcia. Concerning the project of decoupled observers of perturbation for descriptor systems. *Controle & Automação*, 18(4):423–433, 2007.

56 F. Blanchini and M. Sznaier. A convex optimization approach to synthesizing bounded complexity l8 filters. In *Proceedings of the IEEE Conference on Decision and Control*, pages 217–222, 2009.

57 C. E. T. Dórea and A.C.C. Pimenta. Set-invariant estimators for linear systems subject to disturbances and measurement noise. In *Proceedings of 16th IFAC World Congress*, 2005.

58 C. E. T. Dórea and A.C.C. Pimenta. Design of set-invariant estimators for linear discrete-time systems. In *Proceedings of the 44th IEEE Conference on Decision and Control*, pages 7235–7240, 2005.

59 C. E. T. Dórea. Set-invariant estimators for single-output linear discrete-time systems. *Submetido*, pages 01–20, 2008.

60 J. M. Araujo, P. R. Barros, and C. E. T. Dorea. Design of observers with error limitation in discrete-time descriptor systems: A case study of a hydraulic tank system. *IEEE Transactions on Control Systems Technology*, PP(99):1–7, 2011.

61 J. M. Araújo, P. R. Barros, and C. E. T. Dórea. Conditioned-invariant polyhedral sets for observers with error limitation in discrete-time descriptor systems. In *Proceedings of the 19th International Symposium on Mathematical Theory of Networks and Systems*, pages 65–69, 2010.

62 F. Tisseur and K. Meerbergen. The quadratic eigenvalue problem. *Siam Reviews*, 43:235–286, 2001.

63 J. M. Araújo, H. C. Barroso, P. R. Barros, and C. E. T. Dórea. Output feedback control of constrained descriptor systems: a case study of a hydraulic tank system. *Proceedings of the Institution of Mechanical Engineers, Part I: Journal of Systems and Control Engineering*, 2011.

64 D. S. Bernstein. *Matrix Mathematics: Theory, Facts, and Formulas with Application to Linear Systems Theory*. Princeton University Press, Princeton, NJ, 2005.

Apêndice

Propriedades estruturais da forma padrão aumentada

O Capítulo 2 explora uma forma aumentada padrão dada pela Eq. 2.5. Neste apêndice, pretende-se analisar as características estruturais importantes que são preservadas nesta forma em relação ao sistema original, são elas: controlabilidade/estabilizabilidade, observabilidade/detetabilidade e solução no domínio do tempo. A análise de controlabilidade pode ser facilmente estendida para a de observabilidade, e desta forma, a segunda não será abordada.

Controlabilidade

Sem perda de generalidade, assume-se que o sistema está na forma canônica rápida-lenta, ou seja: $A_{11} = \mathcal{A}$, $A_{12} = 0$, $A_{21} = 0$, $A_{22} = I$. Além disso, o distúrbio pode ser desprezado na presente análise. Como é demonstrado em (18), o sistema descritor é R-controlável se e somente se: $\begin{bmatrix} B_{21} & \mathcal{A}B_{21} & \dots & \mathcal{A}^q B_{21} \end{bmatrix}$ tem posto de linhas cheio; além disso, o sistema é controlável se e somente se for R-controlável e B_{22} tem posto de linhas cheio.

As matrizes do sistema aumentado resultante são: $A_a = \begin{bmatrix} \mathcal{A} & 0 & B_{21} \\ 0 & 0 & -B_{22} \\ 0 & 0 & I \end{bmatrix}$ e $B_a = \begin{bmatrix} 0 \\ -B_{22} \\ I \end{bmatrix}$. A matriz de controlabilidade resultante é dada por:

$$U = \begin{bmatrix} 0 & B_{21} & \mathcal{A}B_{21} & \dots & \mathcal{A}^{n+p-1}B_{21} \\ I & I & I & \dots & I \\ -B22 & -B22 & -B22 & \dots & -B22 \end{bmatrix}$$

Com o auxílio de propriedades do posto de matrizes apresentadas em (64), é possível concluir que

$$\rho(U) = \rho(I) + \rho\left(\begin{bmatrix} B_{21} & \mathcal{A}B_{21} & \mathcal{A}^2 B_{21} & \dots & \mathcal{A}^{n+p-1}B_{21} \end{bmatrix} \right) =$$

$$\rho(I) + \rho\left(\begin{bmatrix} B_{21} & \mathcal{A}B_{21} & \mathcal{A}^2 B_{21} & \dots & \mathcal{A}^{q-1} B_{21} \end{bmatrix}\right) = q + p < n + p.$$

Então, o sistema na forma aumentada é não-controlável. Entretanto, aplicando separação de Kalman, por meio da transformação de similaridade:

$$P = \begin{bmatrix} I & 0 & 0 \\ 0 & 0 & I \\ 0 & I & B_{22} \end{bmatrix},$$

obtém-se as seguintes matrizes: $\bar{A}_a = \begin{bmatrix} \mathcal{A} & B_{21} & 0 \\ 0 & I & 0 \\ 0 & 0 & 0 \end{bmatrix}$ e $\bar{B}_a = \begin{bmatrix} 0 \\ I \\ 0 \end{bmatrix}$. Tem-se então

$A_c = \begin{bmatrix} \mathcal{A} & B_{21} \\ 0 & I \end{bmatrix}$, $B_c = \begin{bmatrix} 0 \\ I \end{bmatrix}$ e $A_{\bar{c}} = 0$. Então, se o sistema original for R-controlável, o sistema aumentado será estabilizável, pois os autovalores da parte não controlável são sempre nulos, portanto, estáveis.

Solução no domínio do tempo

Considerando a forma aumentada padrão:

$$\chi(k+1) \equiv \begin{bmatrix} \mathbf{x}_1(k+1) \\ \mathbf{x}_2(k+1) \\ \mathbf{u}(k+1) \end{bmatrix} = \begin{bmatrix} \mathcal{A} & 0 & B_{21} \\ 0 & 0 & -B_{22} \\ 0 & 0 & I \end{bmatrix} \begin{bmatrix} \mathbf{x}_1(k) \\ \mathbf{x}_2(k) \\ \mathbf{u}(k) \end{bmatrix} + \begin{bmatrix} 0 \\ -B_{22} \\ I \end{bmatrix} \Delta\mathbf{u}(k+1)$$

Tem-se que a solução é dada por:

$$\begin{bmatrix} \mathbf{x}_1(k) \\ \mathbf{x}_2(k) \\ \mathbf{u}(k) \end{bmatrix} = \begin{bmatrix} \mathcal{A} & 0 & B_{21} \\ 0 & 0 & -B_{22} \\ 0 & 0 & I \end{bmatrix}^k \begin{bmatrix} \mathbf{x}_1(0) \\ \mathbf{x}_2(0) \\ u(0) \end{bmatrix} + \sum_{j=0}^{k-1} \begin{bmatrix} \mathcal{A} & 0 & B_{21} \\ 0 & 0 & -B_{22} \\ 0 & 0 & I \end{bmatrix}^{k-j-1} \begin{bmatrix} 0 \\ -B_{22} \\ I \end{bmatrix} \Delta\mathbf{u}(j+1)$$

O desenvolvimento das potências e do somatório da solução levam aos seguintes resultados para o vetor de estados:

$$\mathbf{x}_1(k) = \mathcal{A}^k \mathbf{x}_1(0) + \mathcal{A}^{k-1} B_{21}\mathbf{u}(0) + \mathcal{A}^{k-2} B_{21}\mathbf{u}(0) + \dots + \mathcal{A}B_{21}u(0) + B_{21}\mathbf{u}(0) +$$
$$+\mathcal{A}^{k-2} B_{21}\Delta\mathbf{u}(1) + \mathcal{A}^{k-3} B_{21}\Delta\mathbf{u}(1) + \dots + \mathcal{A}B_{21}\Delta\mathbf{u}(1) + B_{21}\Delta\mathbf{u}(1) + \mathcal{A}^{k-3} B_{21}\Delta\mathbf{u}(2) +$$
$$\dots + \mathcal{A}B_{21}\Delta\mathbf{u}(2) + B_{21}\Delta\mathbf{u}(2) + \dots +$$
$$+\mathcal{A}B_{21}\Delta\mathbf{u}(k-2) + B_{21}\Delta\mathbf{u}(k-2) + B_{21}\Delta\mathbf{u}(k-1)$$

que pode ser simplificado para:

$$\mathbf{x}_1(k) = \mathcal{A}^k \mathbf{x}_1(0) + \sum_{j=0}^{k-1} \mathcal{A}^{k-j-1} B_{21} \mathbf{u}(j)$$

Além disso, têm-se:

$$\mathbf{x}_2(k) = -B_{22} \left[\mathbf{u}(0) + \Delta\mathbf{u}(1) + \Delta\mathbf{u}(2) + \ldots + \Delta\mathbf{u}(k) \right] = -\mathbf{B}_{22}\mathbf{u}(k)$$

Esta solução obtida da forma aumentada é exatamente igual às Eqs. 1.10 e 1.11, desenvolvidas no capítulo 1.

More Books!

yes
i want morebooks!

Buy your books fast and straightforward online - at one of the world's fastest growing online book stores! Environmentally sound due to Print-on-Demand technologies.

Buy your books online at
www.get-morebooks.com

Compre os seus livros mais rápido e diretamente na internet, em uma das livrarias on-line com o maior crescimento no mundo! Produção que protege o meio ambiente através das tecnologias de impressão sob demanda.

Compre os seus livros on-line em
www.morebooks.es

OmniScriptum Marketing DEU GmbH
Heinrich-Böcking-Str. 6-8
D - 66121 Saarbrücken
Telefax: +49 681 93 81 567-9

info@omniscriptum.de
www.omniscriptum.de

OMNIScriptum

Printed by Books on Demand GmbH, Norderstedt / Germany